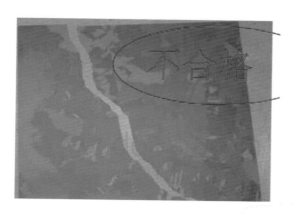

图1-9 有破损的硅片

凹痕：规格≤10μm

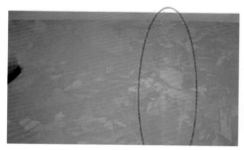

（a）凹痕

线痕：规格≤10μm

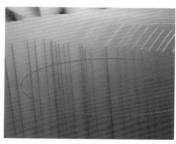

（b）线痕

密集线痕：规格≤10μm

（c）密集线痕图

普通线痕：规格≤10μm

（d）普通线痕

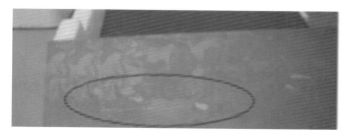

（e）亮线

图1-10 常见线痕问题

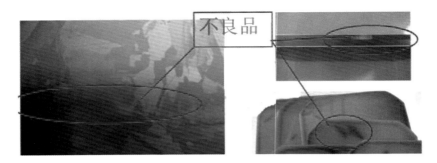

图1-11 常见的裂纹晶片

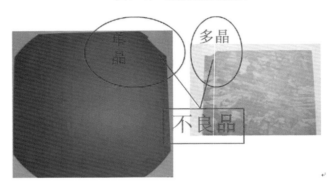

图1-12 常见单晶、多晶缺角硅片

图1-13 有翘曲度的硅片及测量工具

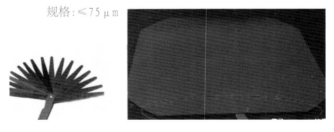

图1-14 弯曲度检测工具及有弯曲度的硅片

图1-15 具有针孔的多晶硅、单晶硅片

图1-16　具有微晶现象的硅片

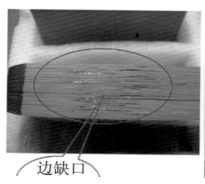

图1-17　具有不同缺口的硅片

（a）　有崩边的晶片

（b）　崩边的测量工具

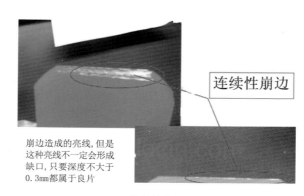

崩边造成的亮线，但是这种亮线不一定会形成缺口，只要深度不大于0.3mm都属于良片

（c）　连续性崩边的片子

图1-18　常见有崩边的硅片

（a）含有氮化硅、碳化硅的脏污片

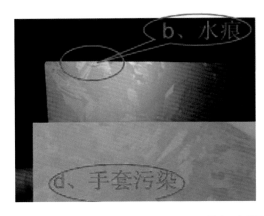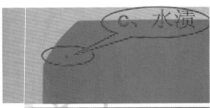

（b）水痕杂质脏污片

图1-19 常见有污物的晶片

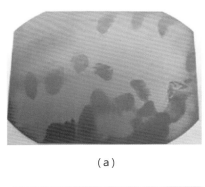

（a）　　　　　　　　　　　　　（b）

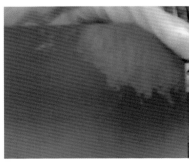

（c）　　　　　　　　　　　　　（d）

图2-9 硅片表面污染异常图片

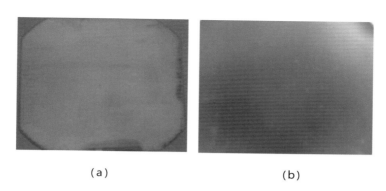

（a） （b）

图2-10 硅片表面颜色异常图片

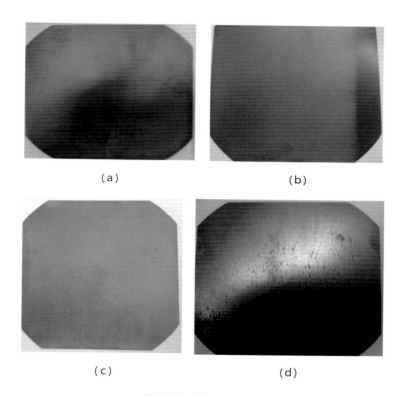

（a） （b）

（c） （d）

图2-11 绒面异常图片

（a）传统多晶 （b）黑硅

图2-12 传统多晶硅片与多晶黑硅表面形貌

 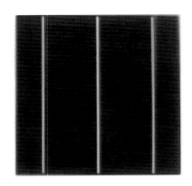

（a）传统多晶　　　　　　　　　　（b）黑硅

图2-13　传统多晶硅电池与多晶黑硅电池表面形貌

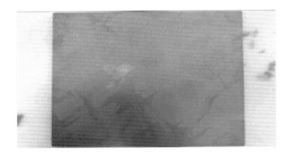 

图2-15　减重过低黑硅绒面　　　　　　图2-16　挖孔过浅黑硅绒面

图2-17　扩孔较小黑硅绒面　　　　　　图2-18　白点黑硅绒面

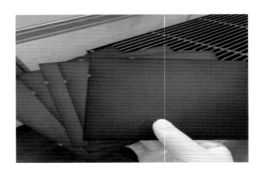

图6-24　电流过大引起的整舟发黄现象

图9-12　单晶色差对比　　　　　　　　　　印刷图形前

图9-13　多晶色差对比

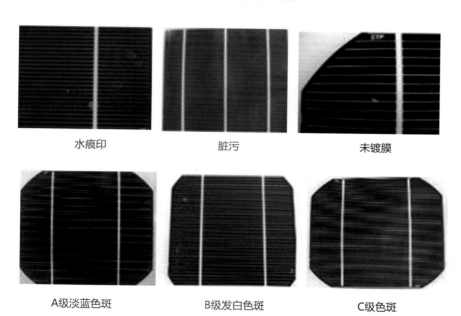

水痕印　　　　　　　　　脏污　　　　　　　　　未镀膜

A级淡蓝色斑　　　　　　B级发白色斑　　　　　　C级色斑

图9-14　绒面色斑

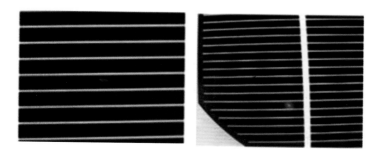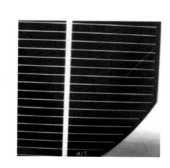

图9-15　有亮斑的电池片　　　　　　　　图9-16　有裂痕的片子

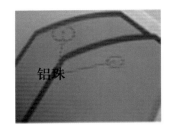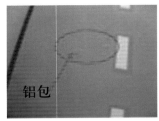

图9-20　铝珠、铝包示意图

图9-21　粗点

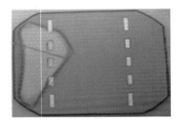

图9-22　正面叠片、背面叠片

　　　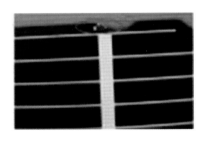

（a）漏浆　　　　　　　　　　　　　　（b）硅晶脱落

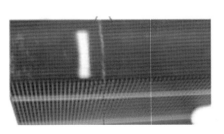

（c）侧面漏浆

图9-23　漏浆的不同类型

新能源系列——**光伏发电技术与应用专业规划教材**

光伏电池制备工艺

第二版

陈 楠 向 钠 曾礼丽 主 编

GUANGFU DIANCHI
ZHIBEI
GONGYI

化学工业出版社

·北京·

《光伏电池制备工艺》结合晶硅电池生产过程，将晶硅电池片生产工艺流程分为材料准备、制绒、扩散、刻蚀、去 PSG、镀膜、印刷电极、烧结、检测分级 9 个任务，采用任务驱动的方法，分别对各个任务的原理、工艺流程、设备运行管理、常见问题及解决措施、作业指导书的制定等内容进行详细的描述。

《光伏电池制备工艺》在第一版的基础上，加进了一些新的技术和案例，包括黑硅制绒工艺、镀膜工艺、丝网印刷工艺等。

《光伏电池制备工艺》适合高职高专光伏发电技术与应用、光伏材料等相关专业的学生学习，也可供相关企业人员学习参考。

图书在版编目（CIP）数据

光伏电池制备工艺/陈楠，向钠，曾礼丽主编. —2 版.
北京：化学工业出版社，2017.12（2025.2重印）
（新能源系列）
光伏发电技术与应用专业规划教材
ISBN 978-7-122-31327-0

Ⅰ.①光⋯　Ⅱ.①陈⋯ ②向⋯ ③曾⋯　Ⅲ.①光电池-
生产工艺-教材　Ⅳ.①TM914

中国版本图书馆 CIP 数据核字（2018）第 002693 号

责任编辑：刘　哲　　　　　　　　　　装帧设计：韩　飞
责任校对：宋　夏

出版发行：化学工业出版社（北京市东城区青年湖南街 13 号　邮政编码 100011）
印　　装：北京科印技术咨询服务有限公司数码印刷分部
787mm×1092mm　1/16　印张 10½　彩插 4　字数 240 千字　2025 年 2 月北京第 2 版第 8 次印刷

购书咨询：010-64518888　　　　　　　售后服务：010-64518899
网　　址：http://www.cip.com.cn
凡购买本书，如有缺损质量问题，本社销售中心负责调换。

定　　价：28.00 元　　　　　　　　　　　　　　　　版权所有　违者必究

　　近年来，我国对能源的需求量日益增加，环保压力增大。优化能源结构，实现清洁低碳发展，是我国经济社会转型发展的迫切需要。因此国家在节约能源的同时也在积极开发新能源。太阳能是取之不尽、用之不竭的能源，而且能量巨大、安全无污染，是人类的理想能源。中国太阳能资源非常丰富，理论储量达每年 17000 亿吨标准煤，太阳能资源开发利用的潜力非常广阔。2000 年以来，中国光伏产业发展迅速，产业结构也发生了很大的变化，光伏市场已经从专注于电池及组件产品出口，逐步转向国内光伏发电市场的开发。目前，光伏产业已经完全实现了规模化发展，中国正在尝试以招标来制定补贴电价，竞价上网成为未来必然的趋势，这些势必推动高效产品产业化。同时，"领跑者计划"的实施，有利于通过市场化竞争引导光伏技术进步和产业升级，从而倒逼光伏企业在保持产量的基础上，更加注重产品的质量提升。当前，光伏材料领域，光伏电池材料的应用可以分为以硅材料为主体的光伏电池和薄膜光伏电池两类。在晶体硅光伏电池技术开发方面，"金刚线切片＋黑硅技术"的多晶硅生产线和"PERC 技术"的单晶硅生产线齐头并进。在薄膜电池领域，碲化镉和钙钛矿薄膜电池发展迅速。在光电转化效率方面，碲化镉、钙钛矿薄膜光伏电池分别达到 17％ 和 21％，与晶硅电池的差距在逐步缩小。总体而言，光伏产业在多年的高速发展后，已经成为中国能源系统不可或缺的组成部分。

　　促进光伏产业的可持续发展，人才培养是关键。当前光伏产业的快速发展与人才培养相对落后的矛盾日益凸显，越来越多的光伏企业人力资源紧张。人才培养的基础是课程，而教材对支撑课程质量举足轻重。光伏产业相关技术更新较快，教材也需要根据光伏材料的新技术和新工艺进行实时更新，才能培养出满足产业发展需要的专业人才。

　　"光伏电池制造工艺"是光伏类相关专业的核心课程之一，具有很强的实践性。本书以晶硅电池生产过程为导向，根据整个电池片生产工艺流程，采用任务驱动的方法，将晶硅电池片生产工艺流程（材料准备、制绒、扩散、刻蚀、去PSG、镀膜、印刷电极、烧结、检测分级）分成十个模块，分别对各个项目的原理、工艺流程、设备运行管理、常见问题及解决措施、作业指导书的制定等内容进行详细的描述。

本书由陈楠、向钠、曾礼丽任主编。全书由张存彪拟定提纲，黄建华、廖东进统稿。模块一、二、三、四、六由南昌大学材料科学与工程学院陈楠编写，模块五由湖南理工职业技术学院黄建华编写，模块七、八由湖南理工职业技术学院向钠编写，模块九、十由湖南理工职业技术学院曾礼丽编写。全书由杭州瑞亚教育科技有限公司教学研究院院长桑宁如主审。

《光伏电池制备工艺》第一版已出版五年，几年时间让我们对行业产生了新的理解，也收集了一些新的技术和案例，包括黑硅制绒工艺、镀膜工艺、丝网印刷工艺等。因此我们对本书进行了再版增修。在此，感谢国家自然科学基金委的项目资助（项目编号 51362020），感谢浙江瑞亚能源科技有限公司董事长易潮等人对本书提出宝贵的建议，感谢杭州瑞亚教育科技有限公司对本书再版提供的设备支持和技术支持，希望捧卷的各位读者能够在本书中收获新的知识！

教材的开发是一个循序渐进的过程，限于编者水平有限，经验不足，在编写过程中难免会有疏漏之处，竭诚欢迎广大师生和读者提出宝贵意见，使本书不断改进、不断完善。在教材中引用了一些资料，在此对有关专家学者和单位一并表示感谢！

编者

目　录

光伏电池制备的准备

【学习目标】

① 了解光伏电池发电原理。
② 了解晶硅电池制作工艺流程。
③ 掌握硅片分检的标准。
④ 掌握电池制备原材料的使用。

第一节　光伏电池发电原理

　　光伏电池是一种对光有响应并能将光能转换成电能的器件。光伏能量转换包括电荷产生、电荷分离和电荷输运三个过程。电荷分离或光伏行为就是在光照下存在光生电流或光生电动势。能产生光伏效应的材料有许多种，如单晶硅、多晶硅、非晶硅、砷化镓、铜硒铟等半导体材料，它们的发电原理基本相同。

　　P 型半导体和 N 型半导体结合形成 PN 结，由于浓度梯度导致多数载流子的扩散，留下不能移动的正电中心和负电中心，所带电荷组成了空间电荷区，形成内建电场，内建电场又会导致载流子的反向漂移，直到扩散的趋势和漂移的趋势可以相抗衡，载流子不再移动，空间电荷区保持一定的范围，PN 结处于热平衡状态。

　　太阳光的照射会打破 PN 结的热平衡状态，能量大于禁带宽度的光子发生本征吸收，在 PN 结的两边产生电子-空穴对，见图 1-1。在光激发下多数载流子浓度一般变化很小，而少数载流子浓度却变化很大，因此主要分析光生少数载流子的运动。P 型半导体中少数载流子指的是电子，N 型半导体中少数载流子指的是空穴。

　　当能量大于禁带宽度的光子照射到 PN 结上时，半导体中产生电子空穴对。由于 PN 结势垒区中存在较强的内建电场（自 N 区指向 P 区），光生电子和空穴受到内建电场的作用而分离，P 区的电子穿过 PN 结进入 N 区；N 区的空穴进入 P 区，使 P 端电势升高，N 端电势降低，于是 PN 结两端形成了光生电动势，这就是 PN 结的光生伏特效应。由于光照产生的载流子各自向相反方向运动，从而在 PN 结内部形成自 N 区向 P 区的光生电流 I_l，见图 1-2(b)。由于光照在 PN 结两端产生光生电动势，光生电场的方向是从 P 型半导体指向 N 型

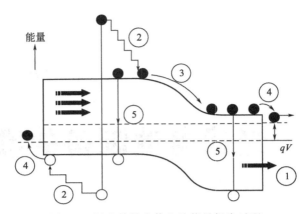

图 1-1　标准单结光伏电池能量损失过程

① 低于禁带宽度的光子没有被吸收；② 晶格热化损失；③ 结损失；④ 接触损失；⑤ 复合损失

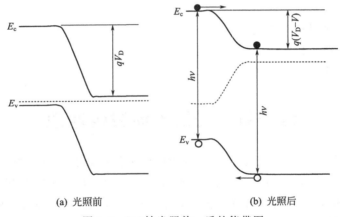

(a) 光照前　　　　　　　　　　　(b) 光照后

图 1-2　PN 结光照前，后的能带图

半导体，与内建电场的方向相反，如同在 PN 结上加了正向偏压，使得内建电场的强度减小，势垒高度降低，引起 N 区电子和 P 区空穴向对方注入，形成从 P 型半导体到 N 型半导体的正向电流。正向电流的方向与光生电流的方向相反，会抵消 PN 结产生的光生电流，使得提供给外电路的电流减小，是光伏电池的不利因素，所以又把正向电流称为暗电流。在 PN 结开路情况下，光生电流和正向电流相等，PN 结两端建立起稳定的电势差 V_{oc}，这就是光伏电池的开路电压。如将 PN 结与外电路接通，只要光照不停止，就会有源源不断的电流通过电路，PN 结起了电源的作用。这就是光伏电池的基本原理。

由上可知，光伏电池工作时必须具备下述条件：首先，必须有光的照射，可以是单色光、太阳光或模拟太阳光等；其次，光子注入到半导体内后，激发出电子-空穴对，这些电子和空穴应该有足够长的寿命，在分离之前不会复合消失；第三，必须有一个静电场，电子-空穴在静电场的作用下分离，电子集中在一边，空穴集中在另一边；第四，被分离的电子和空穴由电极收集，输出到光伏电池外，形成电流。光伏电池工作原理如图 1-3 所示。

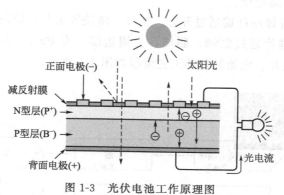

图 1-3 光伏电池工作原理图

第二节 晶硅电池产业链工艺流程

在光伏产业中，光伏电池材料有很多种类，如单晶硅、多晶硅、非晶硅、砷化镓、铜铟硒、铜铟镓硒等半导体材料。日常生活中应用最多的是晶硅电池，这得益于硅的一些特殊性质。

硅是地球上储存最丰富的元素之一，在地壳中的丰度为 27.7%。在常温下化学性质稳定，是具有灰色金属光泽的固体，晶态硅的熔点为 1414℃，沸点为 2355℃，原子序数为 14，相对原子质量为 28.085，密度为 2.322.34g/cm³，莫氏硬度为 7。

硅以大量的硅酸盐矿石和石英矿的形式存在于自然界。人们脚下的泥土、石头和砂子，使用的砖、瓦、水泥、玻璃和陶瓷等，这些日常生活中经常遇到的物质，都是硅的化合物。由于硅易与氧结合，自然界中没有游离态的硅存在。

晶硅光伏电池是近 15 年来形成产业化最快的。生产过程大致可分为以下几个过程（图 1-4）。

① 工业硅的冶炼 由硅矿石与炭在电弧炉中加热，发生还原反应，生成冶金级硅。

② 太阳能级硅的提纯 通过物理提纯或化学提纯工艺，将冶金级硅提纯至太阳能级硅。

③ 拉制单晶硅棒或铸锭多晶硅锭 通过直拉法或定向凝固等工艺，将太阳能级硅拉制

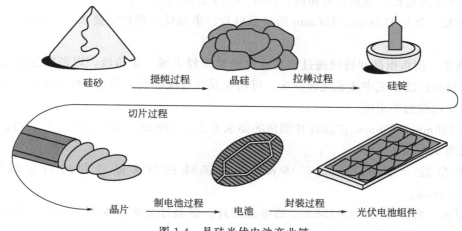

图 1-4 晶硅光伏电池产业链

成单晶硅棒或铸锭成多晶硅锭。

④ 硅片加工 将硅棒或硅锭通过开方、切片、清洗等工艺，切割至所需的尺寸。

⑤ 电池制备 将硅片通过制绒、制结、去周边层、去 PSG、镀膜、印刷电极、烧结、检测等工艺制备成电池片。电池制备的工艺流程如图1-5所示。

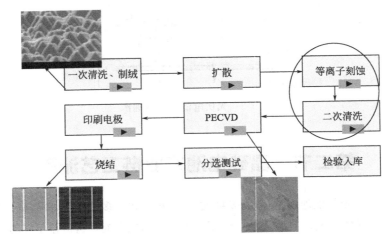

图1-5 晶硅太阳电池制备工艺流程图

⑥ 组件制备工艺 将电池片通过激光划片、焊接、敷设、层压、组框等工艺，制备成电池组件。

第三节 硅片分检标准

硅片分检主要从以下三个方面进行：尺寸、外观、性能，在本教材中以 156mm×156mm 的硅片为例。

1.尺寸

尺寸主要从边长、倒角、对角线、厚度等几个方面进行衡量。

① 边长 常见 156mm×156mm 的单晶硅片、多晶硅片的边宽要求为 156mm±0.5mm（图1-6）。

② 倒角 倒角指晶片边缘通过研磨或腐蚀整形加工成一定角度，以消除晶片边缘尖锐状态，避免在后续加工中造成边缘损失，可防止晶片边缘破裂，防止热应力集中，并增加薄膜层在晶片边缘的平坦度。

常见 156mm×156mm 多晶硅片倒角的要求为 0.5～2mm 、45°±10°（图1-7），单晶硅片的要求为 90°±3°。

③ 对角线 常见 156mm×156mm 的单晶硅片与多晶硅片的对角线要求为 200mm±0.3mm。

④ 厚度 常见 156mm×156mm 的单晶硅片、多晶硅片的厚度为 200μm，厚度范围为 200μm±20μm（图1-8）。

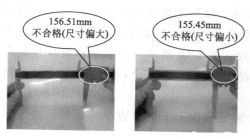

图 1-6 硅片边宽要求

多晶：长度0.5~2mm、角度45°±10°
单晶：90°±3°

多晶

单晶

图 1-7 单晶、多晶硅片倒角图示

注意

① 尺寸分选的目的在于检测硅块开方、倒角和切片中出现的缺陷，以避免出现尺寸偏大或偏小。

② 采用抽检的方式或进行检测，每一支晶棒、硅块抽 5~10 片进行检测。

③ 测量工具：游标卡尺、同心刻度模板、非接触厚度测试仪。

通过晶片上一给定点垂直于表面方向穿过晶片的距离。
规格：200μm±20μm

187.60

非接触厚度测试仪

图 1-8 硅片厚度测试示意图

2. 外观

① 破片　主要是观察硅片是否有破损情况，如有破损则不能使用。破损的硅片如图 1-9 所示（见书前彩页）。

② 线痕　硅块在多线切割时，在硅片表面留下一系列条状、凸纹和凹纹交替形状的不规则线痕。常见的线痕主要有断线焊线后线痕、密集线痕、普通线痕、凹痕、凸痕、凹凸痕、亮线、台阶等。在 156mm×156mm 的硅片中，线痕的要求是≤10μm。常见的线痕问题及晶片线痕要求如图 1-10 所示（见书前彩页）。

硅片上有明显的发亮的线痕，将该类线痕称之为亮线。对于亮线的规格要求，只考虑亮线的粗糙度，不考虑亮线的条数。规格≤10μm。

③ 裂纹　有裂纹的硅片，主要是裂纹易延伸到晶片表面，造成晶片的解理或断裂，也可能没有穿过晶片的整个厚度，但造成晶片的破片。常见有裂纹的晶片如图 1-11 所示（见书前彩页）。

④ 缺角　缺角主要是由于倒角、切片、清洗等工艺过程中所造成。常见的缺角不良品如图 1-12 所示（见书前彩页）。

⑤ 翘曲度　翘曲度主要指的是硅片中心面与基准面最大、最小距离差距的差值。翘曲度过大的硅片在组件层压工艺中易碎片。硅片翘曲度的要求一般为<50μm。有翘曲度的硅片及翘曲度的测量工具如图 1-13 所示（见书前彩页）。

⑥ 弯曲度　弯曲度是硅片中心面明显凹凸形变的一种变量，弯曲度过大的硅片在组件层压工艺中易碎片。对于 156mm×156mm 硅片的要求一般为≤75μm。弯曲的硅片与检测工具如图 1-14 所示（见书前彩页）。

⑦ 针孔　材料在长晶时，混有微小的金属杂质，这些杂质在长晶过程中进入晶体，切片后在制绒阶段杂质被腐蚀掉，出现针孔。对于硅片的要求应该无针孔。不良品如图 1-15 所示（见书前彩页）。

⑧ 微晶　微晶是指每颗晶粒是由几千个或几万个晶胞并置而成的晶体，从一个晶轴的方向来说，这种晶体只重复了约几十个周期。对于多晶硅片、单晶硅片微晶，常常表现为微晶脱落，对于硅片的要求为微晶脱落不能超过两处。图 1-16 所示（见书前彩页）是具有微晶现象的多晶硅片，此图中的微晶面积 $>2cm^2$，晶粒数超过了 10 个，1cm 长度上的晶粒数超过了 10 个。

⑨ 缺口　缺口一般在硅片的边缘与倒角处，常见的为上下贯穿边缘的缺损，如图 1-17 所示（见书前彩页）。

⑩ 崩边　崩边一般为晶片表面或边缘非有意地造成脱落材料的区域，由传送或放置样品等操作所引起的，崩边的尺寸由样品外形的正投影上所测量的最大径向深度和圆周弦长确定。对于常见 156mm×156mm 的硅片，崩边的要求为：崩边个数≤2 个，深度≤0.3mm，长度≤0.5mm。常见有崩边的硅片如图 1-18 所示（见书前彩页）。

⑪ 污物　污物一般为半导体晶片上的尘埃、晶片表面的污染物，且不能用预检查溶剂清洗去除。对于晶片的要求为无污物。常见有污物的晶片如图 1-19 所示（见书前彩页），图 1-19（a）脏污片的杂质主要是氮化硅和碳化硅，图 1-19（b）脏污片的杂质主要是水痕等，图中的脏污片均是不合格的晶片。

注意

① 外观缺陷检查目的在于检查硅片在切片和清洗过程中是否造成外观缺陷。

② 硅片采用全部检测的方式进行检验。

③ 常用测量工具是 10 倍放大镜、塞尺、线痕表面深度测试仪。

3. 硅片性能测试

① 电阻率测试　电阻率为荷电载体通过材料受阻程度的一种量度，是用来表示各种物质电阻特性的物理量，符号为 ρ，单位为 $\Omega \cdot cm$。156mm×156mm 硅片的电阻率规格为 0.5～3$\Omega \cdot cm$。检测如图 1-20 所示。

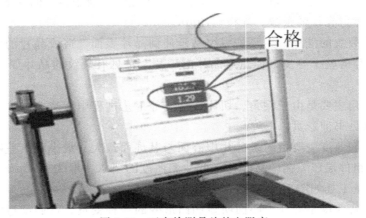

图 1-20　正在检测晶片的电阻率

② 导电类型　半导体导电类型根据掺杂剂的选择与掺杂剂的量不同，导致半导体材料中的多数载流子可能是空穴或者电子，空穴为主的是 P 型，电子为主的是 N 型。目前光伏电池应用的硅片为 P 型，测试工具为电阻率测试仪，如图 1-21 所示。

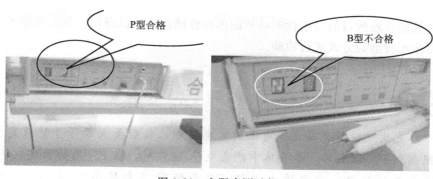

图 1-21　电阻率测试仪

③ TTV　TTV 为总厚度偏差，即晶片厚度的最大值和最小值的差，晶片总厚度偏差的要求为≤30μm。常用测量工具为测厚仪，如图 1-22 所示。

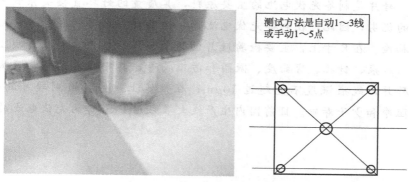

测试方法是自动1～3线或手动1～5点

图 1-22　测厚仪及测量方法

④ 少子寿命　少子寿命指的是晶体中非平衡载流子由产生到复合存在的平均时间间隔，它等于非平衡少数载流子浓度衰减到起始值的 $1/e$（$e≈2.718$）所需的时间。对于单晶硅片和多晶硅片，少子寿命的要求不同，多晶≥2μs，单晶≥10μs。常用检测工具为少子寿命测试仪，如图 1-23 所示。

图 1-23　少子寿命测试仪

注意

① 硅片性能检测的目的在于检测硅片的内在性能指标，以满足电池片的需求。

② 采用全部检测的方式进行检验。

小结

光生伏特效应是光伏电池的发电原理，指能量大于等于禁带宽度的光子照射到 PN 结上时，半导体中产生电子-空穴对，在 PN 结的内建电场作用下，电子进入 N 区，空穴进入 P 区，从而使 P 端电势高于 N 端，形成光生电动势。

晶体硅光伏电池的制备工艺包括一次清洗制绒、扩散制结、刻蚀、二次清洗、PECVD 镀膜、丝网印刷和烧结。

硅片是制备光伏电池的主要原料，其质量的好坏直接关系到光伏电池性能的优劣，因此，在制备光伏电池前，通常要对硅片的尺寸、外观、性能进行抽检。在尺寸上，主要检验硅片的边长、厚度、倒角；在外观上，检查破损、线痕、针孔、弯曲度、微晶和污染物等，其中硅片的弯曲度太大容易导致碎片，线痕深度不能超过 $10\mu m$；在性能上，主要检测硅片的导电类型、电阻率和少子寿命。目前国内生产线大多采用 P-Si 作为光伏电池的原料。

思考题

1. 光伏电池是将 （　　）能转化成（　　）能的装置。

2. 光伏电池的哪一端是正极？

　　A. P 端　　　　　B. N 端　　　　　C. 都有可能　　　　　D. PN 结处

3. 光伏电池发电的原理是什么？

4. 晶体硅光伏电池的制备工艺包含哪些步骤？

5. 硅片的外观检验包含哪些内容？其中线痕是如何产生的？对光伏电池有什么危害？

6. 来料检验中要检查硅片哪些方面的性能？什么是少子寿命？硅片的少子寿命对光伏电池有什么影响？

制绒工艺

【学习目标】

① 掌握制绒工艺的目的。
② 掌握制绒工艺的原理。
③ 掌握制绒工艺操作流程。
④ 掌握常见制绒不良片的解决方法。
⑤ 掌握黑硅制绒工艺流程。
⑥ 能够制定单晶硅片、多晶硅片作业指导书。

第一节 制绒工艺的目的与原理

1.制绒目的

晶硅电池一般是利用硅切片。由于在硅片切割过程中的损伤，使得硅片表面有一层 10～20μm 的损伤层。在光伏电池制备时，首先需要利用化学腐蚀将损伤层去除，然后制备表面绒面结构，这种结构比平整的化学抛光的硅片表面具有更好的减反射效果，能够更好地吸收和利用太阳光线。当一束光线照射在平整的抛光硅片上时，约有 30％的太阳光会被反射掉；如果光线照射在金字塔形的绒面结构上，反射的光线会进一步照射在相邻的绒面结构上，减少了太阳光的反射；同时，光线斜射入晶体硅，从而增加太阳光在硅片内部的有效运动长度，增加光线吸收的机会。制绒工艺作用主要体现在以下几个方面：

① 去除硅片表面的机械损伤层和氧化层；
② 去除硅片表面的油污、金属离子等其他杂质离子；
③ 在硅片表面形成一层织构表面，增加对光的吸收，提高光电转换效率。

2.制绒的原理

晶硅电池分为单晶硅电池和多晶硅电池。在电池片的制备工艺中，由于单晶、多晶的晶粒排列不同，制绒工艺的原理也不同，单晶主要采用各向异性碱腐蚀，多晶主要采用各向同性酸腐蚀。

图 2-1　碱制绒硅片表面外貌

（1）各向异性碱腐蚀

对于单晶硅而言，选择择优化学腐蚀剂，就可以在硅片表面形成金字塔结构，称为绒面结构，又称表面织构化。对于（100）的 P 型直拉硅片，最常用的是各向异性碱腐蚀，因为在硅晶体中，（111）面是原子最密排面，腐蚀速率最慢，所以腐蚀后 4 个与晶体硅（100）面相交的（111）面构成了金字塔结构。如图 2-1 所示，为单晶硅制绒后的 SEM 图，高 $10\mu m$ 的峰是方形底面金字塔的顶。

制绒工艺的化学反应式为

$$Si + 2NaOH + H_2O \longrightarrow Na_2SiO_3 + 2H_2 \uparrow$$

碱腐蚀过程中，常用的原材料如表 2-1 所示，主要仪器设备如表 2-2 所示。

表 2-1　碱腐蚀过程中的主要原材料

原料	NaOH	异丙醇	添加剂	氢氟酸	硅片
要求	分析纯	分析纯	分析纯	分析纯	$125mm \times 125mm$；$156mm \times 156mm$

表 2-2　碱腐蚀主要仪器设备

设备	碱制绒设备	花篮承载框	清洗小花篮	推车	电子秤	显微镜	橡胶手套

碱制绒工艺方面，主要有以下要求：

① 硅片减薄重量为 0.25～0.45g；

② 制绒后硅片目视当为黑色，不同角度观察呈均匀绒面，无绒面不良现象；

③ 制绒后硅片在显微镜下观察，金字塔分布呈均匀致密，相邻金字塔之间没有间隙。

（2）各向异性酸腐蚀

对于由不同晶粒构成的铸造多晶硅片，由于硅片表面具有不同的晶向，择优腐蚀的碱性溶液显然不再适用。研究人员提出利用非择优腐蚀的酸性腐蚀剂，在铸造多晶硅表面可制造类似的绒面结构，增加对光的吸收。到目前为止，人们研究最多的是 HF 和 HNO_3 的混合液。其中 HNO_3 作为氧化剂，它与硅反应，在硅的表面产生致密的不溶于硝酸的 SiO_2 层，使得 HNO_3 和硅隔离，反应停止；但是二氧化硅可以和 HF 反应，生成可溶解于水的络合物六氟硅酸，导致 SiO_2 层的破坏，从而硝酸对硅的腐蚀再次进行，最终使得硅表面不断被腐蚀。具体的反应式如下：

$$3Si + 4HNO_3 \longrightarrow 3SiO_2 + 2H_2O + 4NO \uparrow$$
$$SiO_2 + 6HF \longrightarrow H_2(SiF_6) + 2H_2O \uparrow$$

经过腐蚀，在多晶硅片的表面形成大小不等的球形结构，从而使太阳光的光程增加，降低表面反射率，增加对光的吸收，图 2-2 所示为多晶硅制绒后的 SEM 图。酸腐蚀的化学式很简单，但是球面绒面形成的机理仍然没有解决。

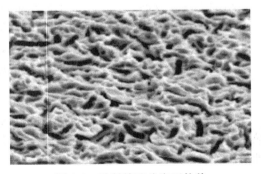

图 2-2　酸制绒硅片表面外貌

部分研究者认为，在硅与硝酸的反应中，除生成 SiO_2 外，还生成 NO 气体，在硅片表面形成气泡，这是导致硅片表面产生球形腐蚀坑的主要原因。在实际工艺中，HF 和 HNO_3 的比例、添加剂、温度和时间等因素，都对绒面结构产生影响。

（3）减反射原理

当一束光线照射在平整的抛光硅片上时，约有 30％ 的太阳光会被反射掉；如果光线照射在金字塔形状或球形结构的绒面上，反射光线会进一步照射在相邻的绒面结构上，减少太阳光的反射；同时，光线斜射入晶体硅，从而增加太阳光在硅片内部的有效运动长度，也就是增加了光线被吸收的机会。原理如图 2-3 所示。

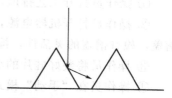

图 2-3　具有绒面结构的硅片表面的光线反射示意图

（4）制绒过程中的影响因素

制绒过程中，制绒液的组分与配置、制绒的时间、温度等都会对制绒造成影响。减薄量过大，硅片易碎；减薄量不足，对光的反射、吸收效果不佳。因此需要严格地控制制绒过程中的各个影响因素，得到理想的绒面结构。

单晶硅制绒过程中，为了提高绒面制作效果，在制绒液中添加异丙醇，不仅可以帮助解除氢气气泡在硅片表面的吸附，而且还可以促进大金字塔的形成，形成很好的金字塔结构。但是由于异丙醇的成本较高，而且伴随有可能的工业污染，部分研究人员提出，利用碳酸钠溶液或磷酸钠溶液对单晶硅进行织构化处理。原理是利用 CO_3^{2-} 或 PO_4^{3-} 水解产生的 OH^- 与硅反应，进行择优化学腐蚀，而且水解产生的 CO_3^{2-}、PO_4^{3-} 或 HCO_3^-、HPO_4^- 还起着与异丙醇相同的作用，使得制备的绒面结构很好。但这些技术还需要进一步工业证实，目前并未在大规模生产中得以应用。

（5）其他制绒工艺

除化学腐蚀以外，还可以利用机械刻槽、激光刻槽和等离子刻蚀等技术，在硅片表面制造不同形状的绒面结构，其目的就是降低太阳光在硅片表面的反射率，增加太阳光的吸收和利用。然而这些技术需要专门的设备，成本相对很高；而且在绒面制作过程中，可能会引入机械应力和损伤，在后处理中形成缺陷。

第二节　单晶制绒操作工艺

单晶硅片制绒工艺流程，主要包括以下几个方面。

1. 装片

① 戴好防护口罩和干净的橡胶手套。

② 将仓库领来的硅片从箱子中取出，以 200 片为一个生产批次，把硅片插入清洗小花篮，在装片过程中，由于硅片易碎，插片员需轻拿轻放；来料中如有缺角、崩边、隐裂等缺陷的硅片，不能流入生产线，及时报告品管员，将这些硅片分类放置、集中处理；有缺片现象时，要在缺片记录上记录缺片的批号、厂商、箱号和缺片数。

③ 在"工艺流程卡"上准确记录硅片批号、生产厂家、电阻率、投入数、投入时间和主要操作员。

④ 装完一个生产批次后，把"工艺流程卡"随同硅片一起放在盒架上，等待制绒。

2. 开机

① 操作员打开工艺排风，打开压缩空气阀门，打开设备进水总阀。

② 操作员打开机器电源，待设备自检完成并显示正常后，在手动操作界面下手动打开槽盖，检查槽盖的灵活性，检查机械手运行是否正常。

③ 操作员将装好硅片的小花篮放在花篮承载框中，然后将承载框搬到上料台上。

④ 操作员在"手动"模式下检查单晶制绒工艺参数是否正常，按照工艺参数，计算出所含有 NaOH、Na_2SiO_3、$(CH_3)_2CHOH$ 和酒精的量，配溶液之前先清洗好制绒槽。关闭排水阀，打开进水阀门，向制绒槽中缓慢加入78℃的纯水，然后向槽中加入 NaOH，打开循环泵，充分搅拌均匀，$(CH_3)_2CHOH$ 和添加剂在上料时加入制绒槽（化学药品的添加顺序不能混淆），按照要求向氢氟酸槽和盐酸槽中加入 HF 和 HCl。

⑤ 操作员将运行模式设置为"自动"，按"启动"键启动程序。

3. 生产过程

① 将装好硅片的小花篮放在花篮承载框中，然后将承载框搬到上料台上。

② 工艺槽温度设定和启动加热。根据参数设定工艺温度，启动加热器使槽内液体升温。要特别注意：槽内没有水或溶液不能开加热器，否则会烧坏加热器。每次只能启动3个槽同时加热，待恒温后，再启动另外3个槽。

③ 加热制绒液体到设定温度以后，根据本班目标生产量在控制菜单上进行参数设置（包括粗抛、碱蚀、喷淋、鼓泡漂洗时间和产量的设置）。

④ 参数设置完毕，在手动状态下按"复位"键，运行模式拨到"自动"状态，按"启动"键，机器进行复位，待机械手停止运动后即可上料生产。若不立即生产，则暂时拨回"手动"状态。

⑤ 配制溶液

a. 浓度要求　粗抛液的浓度要求为：粗抛液中 NaOH：$H_2O=11.8\%$（质量比）；粗抛液自动补碱箱中 NaOH：$H_2O=15\%$（质量比）；制绒液中 NaOH：$H_2O=1.76\%$（质量比），Na_2SiO_3：$H_2O=1.26\%$（质量比），C_2H_5OH：$H_2O=5.0\%$（体积比）。

b. 溶液配置过程

粗抛液配置过程　清洗好粗抛槽，关闭排水阀门，打开进水阀门，向槽中缓慢放水，同时向槽中倒入 NaOH 粉末，控制速度，在槽中约放入2/3槽水的同时加入10kg NaOH，关闭槽盖，在控制面板上打开加热开关，对槽中液体开始加热。待温度升至70℃时，打开槽盖，再向槽中倒入10kg NaOH 粉末并注水，同时用水瓢对溶液进行搅拌，以使 NaOH 充分溶解，液面升至溢水口下方2cm处时停止注水。

制绒液配置　计算出170L制绒液所含有的 NaOH、Na_2SiO_3 和无水乙醇的量，清洗好制绒槽，关闭排水阀门，打开进水阀门，向槽中缓慢放水，同时向槽中倒入 NaOH、Na_2SiO_3 和无水乙醇，在此过程中用水瓢不断搅拌溶液，待加完 NaOH、Na_2SiO_3 和无水乙醇后，放水调整液面至溢水口下方2cm处，关闭槽盖，在控制面板上打开加热开关，对槽中液体开始加热。生产时再向槽中加入1L无水乙醇。

c. 参数设置如表 2-3 所示。

表 2-3　制绒工艺参数设置

工艺	粗抛	制绒	喷淋	鼓泡漂洗
温度	85℃±2℃	77℃±2℃		70℃±5℃
时间	2～3.5min	20～30min	1.8min 以上	2.0min 以上

⑥ 生产过程

a. 运行模式设置为"自动"，按"启动"键启动程序，按照制绒机设定好的参数进行生产。

b. 机械手将承载框平移，依次送到各处理工位，对硅片进行超声预清洗、制绒、盐酸中和、氢氟酸去氧化层等，经过 11 个处理工位全过程处理后，承载框由自动机械手移到出料工位，再由操作员将小花篮取出。

11 个处理工位具体为：超声预清洗→温水漂洗→腐蚀制绒→喷淋→漂洗→HCl 处理→漂洗→HF 处理→漂洗→喷淋→漂洗。

c. 每制绒一篮，粗抛液、制绒液内都要补充 NaOH，补充量根据消耗量确定，并适当补充去离子水。

注意　整个自动运行过程中，操作员不能离开，需时刻监视设备运行情况。

⑦ 甩干

a. 将装满硅片的小花篮放入甩干机中，启动设备，甩干。**注意** 每班开机后先空甩一次。

b. 操作员将花篮承载框放入传递窗中，上料员从传递窗中取出花篮承载框，并放到指定地点。

c. 记录甩干后合格的硅片，并通过传递窗流向下一道扩散工序。

⑧ 自检

a. 在制绒过程中和甩干后，各操作过程的操作员需对每一批次硅片进行自检，符合工艺、质量要求才能流至下道工序，不符合要求的及时通知品管员。

b. 自检时，主要观察是否有裂痕、缺角、崩边、指纹印、污渍、药液水珠、明显发白及发亮，均无的为制绒合格，正常往下流。将无法继续生产的硅片取出，并填写出片数，记录好流程卡。

⑨ 关机　在长时间不进行生产的情况下，停止设备运行，关闭电源，锁上电锁，关闭气体阀门，关闭总电源，锁好电柜。清洁、维护设备。

4. 设备操作规程运行需满足的条件

① 电源启动。

② 压缩空气 0.5MPa。

③ 氮气 0.3MPa。

④ 水阀打开并调制规定流量。

⑤ 所有槽液位达到上限。

⑥ 机械臂在上料台上限位。

⑦ 加热器温度达到设定值。

⑧ 净化送风排风通畅，保持微正压。

5. 工艺卫生要求

① 不允许用手直接接触硅片，插片时戴好一次性手套。插完硅片后，手套应立即更换，

不得重复使用。

②制绒车间要保持清洁，地面常有碱液或干碱，要经常打扫。

③盛过碱液或乙醇的塑料桶要及时刷洗，不可无标识长时间用桶盛碱液或乙醇。

④物品和工具定点放置，用过的工具要放回原位，严禁乱放，保持硅片盒和小花篮清洁。

⑤每班下班前要对制绒设备进行卫生清理，擦掉机器上面的碱，擦掉槽盖上的硅胶。

6.注意事项

①停做滞留的硅片要用胶带封好箱，标签注明材料批号、供应商和实际数目。

②每批投片前要检查化学腐蚀槽中的液位，不合适的要及时调整。

③小花篮和承载框任何时候不能放在地上。

④严格按照工序控制标准检查绒面质量，绒面不合格的硅片要按照检验卡片和工序控制点操作指导卡规定的程序进行处置。

⑤硅片在制绒槽时，绝不能拿出硅片检查绒面情况，要进入漂洗槽后再查看绒面情况。

⑥操作化学药品时，一定要戴好防护面具和防护手套。

⑦制绒设备的窗户在不必要时不要打开。机器设备在运行时，不得把头、手伸进机器内，以防造成伤害事故。

⑧制绒机卫生保养时，要防止电线浸水短路，擦洗槽盖时要防止制绒溶液的污染。

⑨在正常生产运行过程中，设备出现任何异常或报警，应及时通知设备、工艺、品质人员，生产现场留守1人观察，禁止操作。

第三节　多晶制绒操作工艺

1.准备工作

①穿戴好工作衣帽、防护口罩和干净的橡胶手套。

②操作员打开包装，查看规格、电阻率、厚度、单多晶、厂家、编号是否符合要求。

③操作员检查硅片是否有崩边、裂纹、针孔、缺角、油污、划痕、凹痕；如来料有问题，需及时报告品管员；对原硅裂片，放片员需用胶带粘好，统一交还给车间小仓库管理员。

2.开机

①操作员打开工艺排风，打开压缩空气阀门，打开设备进水总阀。

②操作员启动设备，打开电源开关按钮，检查设备是否正常运转，检查导轮上是否有碎片。图2-4为Rena清洗设备。

3.供液

①操作员准备好防护服、防毒面具、防酸手套，未佩戴防护用具的人员不可进行任何换液操作流程。换液时，工序长需监督确认每一步操作流程。

②操作员佩戴好防护用品后，检查化学桶上的标签，是否为所需要更换的化学品，然后将化学品桶的抽液口与回流口正确放置，使其在回流管与抽液管正下方。

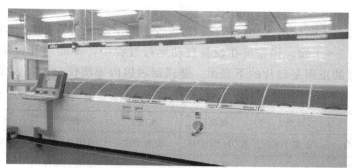

图 2-4　Rena 清洗设备

③ 工序长检查显示屏，将"启用"状态切换为"停止"状态，才可以进行换液操作。

④ 操作员拧下抽液管和桶的连接阀，用螺丝刀拧开新药品桶抽液口的盖子，将连接阀连接至新的药品桶，并且拧紧，然后打开新药品桶的回流口盖子，将回流管从空桶中抽出，插入新药桶的回流口；将空药桶拿出，关闭换液门。

⑤ 工序长检查显示屏，单击"液体复位"，再将"停止"状态切换为"启用"状态。

⑥ 工序长准确填写"一次清洗换液记录表"。

4. 换液

① 工序长将设备"自动"转换为"手动"，点击"废液排放"。

② 观察 PC 柜电脑画面，工作槽内液体排完后会自动停止。

③ 工序长单击"槽体清洗"，清洗结束后会自动停止。

④ 点击"废液排放"，排放槽内液体。

⑤ 最后将槽体内碎片和残留化学品清理干净。

5. 生产

(1) 上料

放片员从硅片盒中将硅片取出，检查四边有无崩边、缺角、破损等不良现象。将硅片从中间分开，减少黏片概率，操作如图 2-5 所示。将硅片放到上料机台的上料盒中，注意线痕方向一般与滚轮运行方向垂直，硅片上料方向如图 2-6 所示。

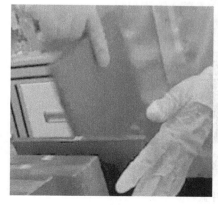

图 2-5　将硅片从中间分开

线痕方向

图 2-6　制绒机的上料台

（2）运行

硅片由传送带送入制绒机内部，依次经过 7 个槽位，分别是：制绒→水洗 1→碱洗→水洗 2→酸洗→水洗 3→干燥。操作员在设备自动运行过程中，不能离开，需时刻监视设备运行情况。这里制绒的正面是硅片的下表面。链式制绒机内部槽位安排如表 2-4 所示。

表 2-4　链式制绒机内部槽位安排表

步骤名称	制绒	水洗 1	碱洗	水洗 2	酸洗	水洗 3	干燥
溶液	$HF+HNO_3$	去离子水	KOH/NaOH	去离子水	$HF+HCl$	去离子水	
作用	制备绒面、去除机械损伤		去多孔硅、中和酸液		去氧化层和金属离子		干燥硅片

（3）收片

传送带将制绒后的硅片送出插入片盒，出料台如图 2-7 所示。下料员及时取走插满的片盒，放上空片盒。取片盒前在片盒底部与硅片间放入一张白纸，防止手指污染绒面。当下料插片发生卡片时，传送台可将硅片放入备用片盒，操作如图 2-8 所示。

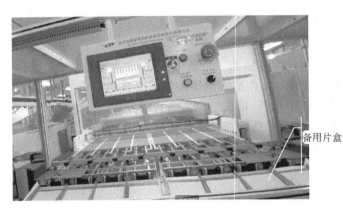

图 2-7　出料台

图 2-8　下料员放空片盒

　　下料员每次取片盒时要检查硅片有无崩边、缺角、破损、发亮、未吹干、药液残留等异常现象，及时报告工序长、品管员、工艺员，共同解决。对绒面质量合格的硅片，从传递窗送到扩散工序。

（4）自检

　　① 在制绒完成后，工序长和收片员需进行自检，符合工艺、质量要求才能转入下道工序。

　　② 自检标准：外观均匀，无明显滚轮印、指纹印、污渍，无药液水珠残留，无明显发白、发亮的为制绒合格硅片，可以正常往下流。

　　③ 操作员每小时抽测 4 片制绒减重情况，并将相关数据记录在"一次清洗减薄量记录表"中，确定绒面质量合格后，硅片方可流入下道工序。

　　④ 不合格制绒硅片需进行隔离，达到工艺质量要求方能流入下道工序。

（5）交接班

　　设备技术员在每个班交班前，及时更换槽的纯水、碱液、酸液，并对此次换液进行相应的记录。

6.工艺卫生要求

　　① 绝对不允许用手直接接触硅片。

　　② 物品和工具定点放置，用过的工具要放回原位，严禁乱放。

7.注意事项

　　① 停做滞留的硅片要用胶带封好箱，标签注明材料批号、供应商和实际数目。

　　② 严格按照工序控制标准检查绒面质量，绒面不合格的硅片要按照规定的程序进行处理。

　　③ 操作化学药品时，一定要戴好防护面具和防护手套。

　　④ 制绒设备的窗户在不必要时不要打开。机器设备在运行时，不得把头、手伸进机器内，以防造成伤害事故。

　　⑤ 对未吹干的硅片严禁流入下道工序。

　　⑥ 发生卡片时，先戴好防护用品，并拿水枪反复冲洗，再用气枪吹干。

　　⑦ 在正常生产运行过程中，设备出现任何异常或报警，应及时通知设备、工艺、品质人员，生产现场留守 1 人观察，但禁止操作。

第四节　制绒不良片案例分析

　　制绒过程中出现的不良情况，主要有表面污染、表面发白、表面发亮、腐蚀不均、无绒面等情况。

1.表面污染（图 2-9，见书前彩页）

　　（a）图中出现的是硅片表面有指纹残留。出现的原因是在包装时人为地接触硅片。解决的措施是添加 IPA。IPA 可以起到一定效果，但是不能杜绝，需要硅片车间的配合。

　　（b）图中出现的是硅片表面有大量的药液残留。出现的原因是 IPA 添加过多。解决的方法是重新进行清洗。

（c）图出现的是在同一批片子中相同位置有类似于油污的污渍。出现的原因主要是来料问题，可能在硅片包装时引入。解决的方法是与硅片车间协商解决。

（d）图中出现的是表面污渍。出现的原因主要是在制绒后反应的残留。解决的方法是重新进行清洗。

2. 硅片表面颜色（图 2-10，见书前彩页）

（a）图中出现的是硅片表面发白。出现的原因主要是制绒的时间不够，解决的方法通常是延长制绒时间。

（b）图中出现的硅片表面发亮，表面发沙。出现的原因主要是 KOH 过量或者制绒时间过长。解决的方法通常是适当降低碱液的用量及制绒时间。

3. 绒面状况（图 2-11，见书前彩页）

（a）图中出现的是表面腐蚀不均、硅片表面部分区域发白、有彗星现象发生。出现图中现象的主要原因是 IPA 偏少。解决的方法通常是适当增加 IPA 的用量。

（b）图中出现的是制绒后硅片表面出现绒面不均匀。出现图中现象的原因可能是来料问题。解决的方法通常是适当延长时间，可以一定程度上减轻该现象。

（c）图中出现的无绒面或表面有流星雨现象发生。出现图中现象的原因主要是来料问题。解决此类现象的措施是加大碱液用量。

（d）图中出现的绒面不均现象主要表现为部分区域绒面良好，部分绒面表现为较难腐蚀。出现图中现象的原因主要是来料问题。解决此类现象的方法是加大碱液与 IPA 的用量，具体加入量依据实际情况而定。

制绒过程中，常出现的不良现象是由很多因素造成的。对于常见的问题可以采取以下一系列的措施，减少不良现象地出现。

① 插片　在制绒过程中，由于晶体中的缺陷，杂质和掺杂浓度将对各个晶面的腐蚀速率造成影响，因此在插片的过程中尽量保证同一花篮中的硅片来自同一晶棒，在不能保证同一花篮中的片子为同一批号时，则将批号中字母标识相同的放在一起。

② 抽检　在制绒进程中如发现制绒不稳定，应在制绒时间将到时，从溶液中捞取一些片子，进行制绒效果观察，以决定是否需要适当延长制绒时间，在硅片进入清水槽后应适当进行抽样，以决定下一批次药液的补给量。

③ 不良片的判断以及改进步骤　由于在制绒过程中，绒面不均占大多数，因此解决这类问题为提高绒面优良率的关键。绒面不均有多种原因，主要包括刻蚀时间不够、IPA 加入不足、NaOH 不足等，可以通过一看二算三判断的方法来解决。首先观察不良片可以归为哪一类，其次计算硅片的腐蚀厚度以及剩余厚度，最后来判断属于哪种原因，然后采取相应的对策。

④ 硅片来料控制　由于位错将对制绒效果有影响（标号 A 和 B 的晶棒分别代表无位错和位错的晶棒），因此需要与硅片车间协商，在包装时，不能将标号 A 和 B 的晶棒混放在一起（100 片小包装），将同一晶棒标号相同的硅片尽量放在一起，并将标号相同的放在同一箱内。

第五节 多晶黑硅制绒工艺

1. 黑硅电池的概念

多晶硅片中有多个晶体取向的单晶体，因此多晶硅不能使用 NaOH 溶液制绒，主要使用 HF 与 HNO_3 混合溶液的缺陷腐蚀制绒法。该方法制绒后硅片反射率约为 18%，高于单晶制绒后的 11% 反射率。为了进一步降低多晶硅的反射率，可以采用特殊制绒工艺在多晶硅表面形成纳米结构。采用这种制绒工艺制绒的多晶硅从肉眼来看比普通多晶硅更黑，没有花纹，因此这种工艺被称为黑硅制绒。2016 年，多晶黑硅量产效率已经突破 18.90%。图 2-12（见书前彩页）是传统多晶硅片与多晶黑硅表面的形貌图。黑硅绒面更加均匀，基本无明显晶界。图 2-13（见书前彩页）是传统多晶硅电池与黑硅电池的形貌图。

2. 黑硅制绒的方法与原理

多晶黑硅制绒工艺分为干法制绒和湿法制绒两种。

① 干法黑硅制绒工艺利用反应离子刻蚀法。该方法是利用等离子体在电场作用下加速撞击硅片，从而在硅片表面形成纳米结构，降低多晶硅片的反射率。

② 湿法黑硅制绒工艺是一种金属催化化学腐蚀法。该方法是在硅片表面附着金属，利用 HF、强氧化剂（HNO_3）和添加剂的混合溶液腐蚀并修饰硅片表面。目前常用的诱导金属是银离子。附着在硅片表面的金属随着腐蚀过程而向下沉积，从而在硅片表面形成类似于陷阱的凹孔纳米结构，有效降低硅片表面对阳光的反射率。

3. 多晶黑硅的湿法制绒工艺

多晶湿法黑硅制绒需要经过 27 个步骤，主要包括碱抛、去碱、银离子沉积、银离子挖孔、银离子去除、银离子扩孔、去除药业残留及硅片干燥等。

(1) 碱抛

① 工艺目的 去除硅片表面的机械损伤层、脏污及去除原硅片切片造成的金属离子污染，同时形成易于后续钝化的凸起结构。

② 原料 KOH、DI 水和添加剂 A（生物酶、纳米级二氧化硅等）按一定配比配制。

③ 工艺原理 $$2KOH + Si + H_2O \Longrightarrow K_2SiO_3 + 2H_2$$

④ 工艺步骤 手动上料，花篮进入上料槽，再由机械臂将花篮提至碱抛槽，硅片需完全浸入药液中。每隔 4 个小时测试硅片减重，出现减重异常应及时加液排液。

⑤ 参数设定 工艺时间控制为 180～300s。

(2) 水洗

① 工艺目的 去除碱抛后硅片表面的药液残留和 K_2SiO_3，同时减少或防止将 KOH 带入后续加工药液中，污染药液。

② 原料 DI 水。

③ 工艺步骤 由机械臂将片盒从碱抛槽中取出，放入水洗槽。注意槽体液面是否满溢，如未满溢，及时加水。

④ 参数设定 使用 DI 水对硅片进行漂洗，工艺时间设定为 50～60s。

(3) 酸洗

① 工艺目的　用 HNO_3 中和硅片表面残余的 KOH，避免污染后续槽体溶液。

② 原料　药液主要为 HF、HNO_3。工艺运行时间为 50～60s，

③ 工艺原理　　　　　　　　$KOH + HNO_3 \Longrightarrow KNO_3 + H_2O$

④ 工艺步骤　机械臂自动将片盒从水洗槽中取出，放入酸洗槽。配液后查看药液是否自动配置完成，如显示配液完成实际药液却未满槽时，需要手动加液。

(4) 水洗

① 工艺目的　去除酸洗沉积在硅片表面的 KOH 和 HNO_3 残留。

② 原料　DI 水。

③ 工艺步骤　机械臂自动将片盒放入水洗槽。查看机械臂提篮时带液情况，防止少液。

④ 参数设定　此工艺运行时间设置为 50～60s。

(5) 银离子沉积

① 工艺目的　利用 HF、H_2O 和添加剂 B（$AgNO_3$）使得 Ag^+ 沉积在硅片表面。

② 原料　HF、DI 水、添加剂 B（主要成分 $AgNO_3$）。

③ 工艺原理　　　　　　　　$6HF + SiO_2 \Longrightarrow H_2SiF_6 + 2H_2O$

④ 工艺步骤　机械臂自动将片盒放入阴离子沉积①槽。注意查看液面，出现少液及时加液。出现添加剂无法加液和 HF 加液量远小于设定值时，及时通知设备主管人员解决。

⑤ 参数设定　工艺运行时间设定为 30～120s 左右。

(6) 水洗

① 工艺目的　去除硅片表面附着的 HF，降低 Ag^+ 挖孔槽污染风险。

② 工艺步骤　机械臂自动将花篮放入水槽。配液完成后查看该槽是否有漏配现象。

③ 参数设定　运行时间设置为 50～60s。

(7) 银离子挖孔

① 工艺目的　对硅片进行挖孔。

② 原料　H_2O_2、HF、添加剂 C（柠檬酸、酸醇化合物）、添加剂 D（海藻酸钠、脂肪酸酰胺、生物酶）。

③ 工艺原理　采用边氧化边去除的方式增加硅片孔洞深度，增强硅片陷光，降低反射率。因银离子的系统能量要远远低于 Si 的价带边缘，银离子从硅的价带中得到电子从而被还原，在 Si 和 Ag^+ 之间形成电解反应通道，其中 Ag^+ 为阴极，Si 为阳极。而双氧水用来促进反应，使得孔洞加深，并利用添加剂 C 除泡，而添加剂 D 则用来抑制反应速度，防止反应过快，不便控制。具体反应如下所示：

$$Ag^+ + e^- \Longrightarrow Ag$$
$$Si + 2H_2O \Longrightarrow SiO_2 + 4H^+ + e^-$$
$$SiO_2 + 6HF \Longrightarrow H_2SiF_6 + 2H_2O$$

④ 工艺步骤　由机械臂自动将花篮从 8 槽提出后放入该槽。

⑤ 参数设定　此道工艺运行时间为 120～300s 左右。注意：配液完成后需检查液面是否正常，开始生产时需查看大量冒泡所需时间。如果时间过长，则按照 1:3 的比例适当添

加 HF 和 H_2O_2。

具体反应原理如上述公式所示。

（8）水洗

① 工艺目的　去除上一步骤中残留的 HF、H_2O_2，降低药液污染。

② 参数设定　通常工艺时间设定为 $50\sim60s$。

（9）除银①

① 工艺目的　去除未反应成 Ag 的 Ag^+。

② 原料　H_2O、H_2O_2、NH_4OH。

③ 原理　因为双氧水会自动分解，产生的气泡会对硅片起到漂洗的作用，加快反应速度，并且 AgOH 不稳定会分解生成 Ag_2O，使得去 Ag^+ 更加彻底。具体反应如下所示：

$$Ag^+ + OH^- \Longrightarrow AgOH$$
$$2AgOH \longrightarrow Ag_2O + H_2O$$
$$Ag_2O + 4NH_3 + H_2O \Longrightarrow 2Ag(NH_3)_2OH$$

④ 工艺步骤　及时查看液面，防止少液，此步骤一般设定时间为 $100\sim130s$。

（10）水洗

① 工艺目的　去除残留在硅片表面的 NH_3OH 及 H_2O_2 溶液，防止药液污染。

② 工艺步骤　工艺运行时间设置为 $50\sim60s$。

（11）除银②

工艺目的　主要是将 Ag^+ 从硅片表面彻底去除，降低金属污染。

其他同除银①。

（12）水洗

与前段水洗目的相同，且工艺运行参数设定一致。

（13）酸洗

① 工艺目的　将除银时可能产生的 SiO_2 去除。

② 原料　HF。

③ 原理

$$6HF + SiO_2 \Longrightarrow H_2SiF_6 + 2H_2O$$

④ 工艺步骤　机械臂自动提篮进入酸洗。注意配液后查看液面情况，查看提篮时带液情况，工艺运行时间设定为 $50\sim60s$。

（14）银离子扩孔（17 槽）

① 工艺目的　扩大硅片表面孔洞半径，同时修饰孔洞。

② 原料　HF、HNO_3、添加剂 E（过氧化物）。

③ 原理　HF 和 HNO_3 可以扩大硅片表面孔洞半径，同时修饰孔洞，提升反射率，防止反射率过低，降低热斑效应。而添加剂 E 主要用来抑制反应速度，防止反应过快，造成凹孔过大，反射率上升。具体反应如下所示：

$$3Si + 4HNO_3 + 18HF \Longrightarrow 3H_2SiF_6 + 4NO + 8H_2O$$

工艺步骤　注意开始生产时查看反应时间，初始反应时间一般在 50s 左右，但因该反应会生成亚硝酸盐等物质，而该物质会加快反应速度，所以需要调整工艺运行时间，防止扩孔过大，反射率上升。此工艺运行时间初始设为 120～200s 左右，温度设定 9～15℃。

(15) 水洗

① 工艺目的 去除上一个步骤中残留的 HF 和 HNO_3，降低药液污染风险导致失效。

② 工艺步骤 机械臂自动将片盒放入水洗槽，一般设置为 50～60s。注意检查配液是否漏配、少配。

(16) 除银③

工艺目的：使用 H_2O、H_2O_2、NH_4OH 将陷入硅片孔洞中的 Ag 去除干净。

其他与除银①相同。

(17) 水洗

① 工艺目的 去除除银时 H_2O_2、NH_4OH 药液残留。

② 工艺步骤 运行时间设为 50～60s。注意及时查看少液情况。

(18) 酸洗

① 工艺目的 主要是去除生成的 SiO_2，同时去除未水洗干净而残留的 KOH。

② 原料 HF、HCl。

③ 原理 因在除银过程中药液原料中加入了一定量的 H_2O_2，可能会造成孔洞附近的 Si 被氧化：

$$6HF + SiO_2 \xrightarrow{\quad\quad} H_2SiF_6 + 2H_2O$$

④ 工艺步骤 运行时间设定为 120～300s，温度 25℃。

(19) 水洗

① 工艺目的 去除上一步骤中的 HF、HCl 残留，降低药液污染风险。

② 工艺步骤 运行时间设定为 50～60s。注意检查液面，防止液面异常。

(20) 烘干（四槽共联）

① 工艺目的 去除附着在硅片表面的水分，保持硅片处于干燥状态，减少粉尘杂质的附着，降低电池片效率。减低扩散后黑点硅片出现的概率。

② 工艺步骤 机械臂提篮进入，完成后自动提出，工艺运行时间设置为 600～700s。注意查看下料处是否出现硅片粘连，如出现应及时调整时间。

因未彻底干燥，扩散后出现的硅片表面黑点如图 2-14 所示。

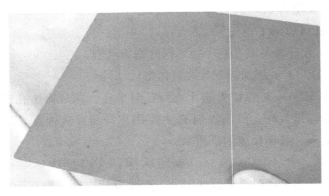

图 2-14 硅片表面黑点

4. 多晶黑硅绒面异常及分析

正常加工黑硅绒面发暗，晶界不明显，且反射率在 17.5～19.5 之间，但在日常生产中因为各药液配比存在些许差异，所加药液量、各阶段控温并不十分完美，经常会使得各个步骤的化学反应加快或者变慢，而这些因素都会对绒面成色和反射率造成较大影响，进而影响电池片的并阻、开路电压、短路电流、效率等。更有甚者可能会导致硅片直接报废。常见异常主要有如下几类。

（1）绒面成色不均且部分晶界明显发亮（隔批次出现），反射率正常

① 异常原因　碱抛槽中某一个槽药液浓度偏高，或者槽体温度过低，使得去损伤层不彻底，硅片较亮。

② 解决方案　查询该硅片是由几号碱抛槽加工而成，再查看机台槽体温度显示。若温度无异常，则重测该槽减重。减薄量偏低时，向该槽中加 KOH（每 1L KOH 对应 0.015g 减薄量）。

此类异常硅片如图 2-15（见书前彩页）所示。

（2）绒面较亮（连续两批）且反射率高（20%～25%）

① 异常原因　主要是由于银离子挖孔过浅，使得硅片表面较花。

② 解决方案　打开槽盖，观察银离子沉积槽反应时间，正常反应时间为 80～100s。若反应较慢（超过 120s 才出现大量气泡），则向槽内添加 HF，或者加长工艺时间（每 10s 对应 1% 反射率），降低反射率。

此类异常硅片如图 2-16（见书前彩页）所示。

（3）绒面较暗，反射率低（15%～17%）

① 异常原因　扩孔槽温度过高或扩孔槽工艺运行时间未及时减短。

② 解决方案　先查看机台扩孔槽温度显示，若无异常再打开槽盖，查看反应时间。正常反应时间为 30～50s。最后增加工艺运行时间（每 5s 对应 1% 反射率）。

此类异常硅片如图 2-17（见书前彩页）所示。

（4）硅片绒面正常反射率正常，表面出现白色小点

① 异常原因　此类异常一般是碱抛槽药液寿命到达之前，或超出药液寿命，还有可能是碱抛槽污染较重，药液中杂质较多。

② 解决方案　通知产线停止上料，排干碱抛槽，之后用 DI 水加满碱抛槽，待槽体循环 5min 后，将水排干，并重新配液。配液完成后，待温度达到设定值，通知产线上料并测试减重。

此类异常硅片如图 2-18（见书前彩页）所示。

第六节　制定单晶硅、多晶硅制绒工艺作业指导书

根据制绒工艺操作流程，由学生负责制定单晶硅、多晶硅制绒工艺作业指导书。作业指导书的形式如表 2-5 所示。

表 2-5　单晶硅、多晶硅制绒工艺作业指导书

公司生产车间名称	文件名称:制绒工艺作业指导书	版本:A	
	文件编号:	修订:	
	文件类型:工作文件	撰写人:	第 * 页 共 * 页

1. 目的

2. 适用范围

3. 职责

4. 主要原材料及半成品

5. 主要仪器设备及工具

6. 工艺技术要求

7. 操作规程

8. 工艺卫生要求

9. 注意事项

小结

　　制绒工艺是电池片制备工艺中的第一步,绒面好坏影响到对光的吸收和电池片的效率,因此要求制备符合要求的绒面结构。

　　单晶硅主要是利用各向异性碱制绒,多晶硅主要是利用各向同性酸制绒,通过酸碱腐蚀的作用,达到去除线痕、制备绒面的目的。

思考题

1. 绒面制备的目的是什么?

2. 腐蚀制绒的工艺原理是什么?

3. 简述单晶硅片制绒操作的工艺流程。

4. 简述多晶硅片制绒操作的工艺流程。

5. 影响制绒工艺的因素有哪些?谈谈如何改进?

6. 黑硅制绒工艺与其他制绒工艺有哪些区别?

扩散工艺

【学习目标】

① 掌握扩散工艺的目的。

② 掌握扩散工艺的原理。

③ 掌握扩散工艺操作流程。

④ 掌握扩散工艺的常见问题及解决方法。

⑤ 能够制定扩散作业指导书。

第一节　扩散工艺的目的与原理

1.扩散的目的

① 通过扩散工艺，在 P 型硅的表面扩散磷原子，形成 PN 结。

② 通过扩散磷工艺，形成外吸杂。

2.扩散原理

① 常见扩散工艺　光伏电池制造工艺中，磷扩散一般有三种方法：一是三氯氧磷（$POCl_3$）液态源扩散，二是喷涂磷酸水溶液后链式扩散，三是丝网印刷磷浆料后链式扩散。下面采用目前常用的三氯氧磷（$POCl_3$）液态源扩散的方法进行阐述。

采用三氯氧磷（$POCl_3$）液态源扩散工艺，磷扩散的原理如图 3-1 所示。

② 扩散原材料　磷扩散工艺中，所用的扩散源是 $POCl_3$。$POCl_3$ 是目前磷扩散用得较多的一种杂质源。$POCl_3$ 是一种易燃易爆的物质，使用过程中需要特别注意。它是无色透明液体，具有刺激性气味。如果纯度不高，则呈红黄色。其相对密度为 1.67，熔点 2℃，沸点 107℃，在潮湿空气中发烟。$POCl_3$ 很容易发生水解，极易挥发，高温下蒸气压很高。为了保持蒸气压的稳定，通常是把源瓶放在 0℃ 的冰水混合物中。磷有剧毒性，换源时应在抽风厨内进行，且不要在尚未倒掉旧源时就用水冲，这样易引起源瓶炸裂。

③ $POCl_3$ 扩散分析　$POCl_3$ 热分解时，$POCl_3$ 在高温下（＞600℃）分解生成五氯化磷（PCl_5）和五氧化二磷（P_2O_5），其反应式如下：

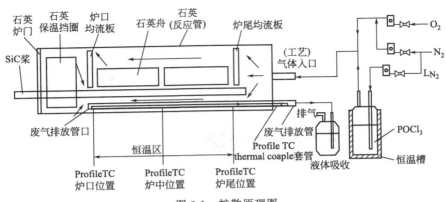

图 3-1　扩散原理图

$$5POCl_3 \xrightarrow[\triangle]{>600℃} 3PCl_5 + P_2O_5$$

由上面反应式可看出，如果没有外来的氧（O_2）参与，其分解是不充分的，生成的 PCl_5 是不易分解的，并且对硅有腐蚀作用，破坏硅片的表面状态。但在有外来氧存在的情况下，PCl_5 会进一步分解成 P_2O_5 并放出氯气（Cl_2），其反应式如下：

$$4PCl_5 + 5O_2 == 2P_2O_5 + 10Cl_2\uparrow$$

生成的 P_2O_5 又进一步与硅作用，生成 SiO_2 和磷原子。由此可见，在磷扩散时，为了促使 $POCl_3$ 充分地分解和避免 PCl_5 对硅片表面的腐蚀作用，必须在通氮气的同时通入一定流量的氧气。在有氧气存在时，$POCl_3$ 热分解的反应式为：

$$4POCl_3 + 3O_2 == 2P_2O_5 + 6Cl_2\uparrow$$

$POCl_3$ 分解产生的 P_2O_5 淀积在硅片表面，P_2O_5 与硅反应生成 SiO_2 和磷原子，并在硅片表面形成一层磷硅玻璃，然后磷原子再向硅中进行扩散，反应式如下所示：

$$2P_2O_5 + 5Si == 5SiO_2 + 4P$$

$POCl_3$ 液态源扩散方法具有生产效率较高，得到 PN 结均匀、平整和扩散层表面良好等优点，这对于制作具有大的结面积的光伏电池是非常重要的。

第二节　扩散工艺操作流程

1.扩散工艺要求

① 扩散后硅片表面呈咖啡色，颜色均匀。

② 扩散后硅片表面清洁，无染色。

③ 扩散后硅片无裂痕、崩边、缺角。

④ 扩散后硅片薄层电阻在 40～50Ω/□ 之间；单片方块电阻控制在正负 3Ω/□ 以内。

⑤ 扩散后的 PN 结深为 0.2～0.4μm。

2.扩散准备工作

(1) 主要原材料及仪器设备准备

① 主要原材料和半成品如表 3-1 所示。

表 3-1 原材料及其要求

原材料	要求
三氯氧磷（POCl$_3$）	6N
氧气（O$_2$）	5N
氮气（N$_2$）	5N
减薄制绒的硅片	符合清洗工艺技术要求

② 设备及仪器　扩散炉、超净台。扩散制结过程中，需要用到石英棒、石英舟、石英板、搪瓷盘、四探针测试仪等设备。

（2）石英器件和悬臂浆的清洗（在清洗间操作）

① 戴上橡胶手套和口罩。

② 对未使用过的石英器件，首先要用丙酮棉球把石英器件擦拭一遍，再用酒精棉球把石英器件擦拭一遍。

③ 把石英器件放入配有氢氟酸溶液（1：25 的氢氟酸和纯水）的清洗槽中，打开进气阀，让溶液轻度鼓泡，持续 15min。

④ 关闭进气阀，把槽中的溶液抽到另一个槽中。

⑤ 打开纯水阀，让纯水完全淹没石英器件，再关闭纯水阀，打开进气阀，让它轻度地鼓泡，持续 6min。

⑥ 关闭进气阀，排水，防水，充气，多次循环清洗后，用电阻率仪测量清洗后水的电阻率，直到清洗后水的电阻率大于 2MΩ·cm。

⑦ 打开排液阀门，把水排掉，戴上橡胶手套，取出石英器件，然后将石英器件拿到扩散间。

（3）安装源瓶

① 操作员戴上橡胶手套和口罩。

② 在扩散间内，打开源瓶的包装箱，小心地取出源瓶。注意源瓶内部两根管子的长度（长管子为进气口），确定进气口和出气口，进出口如图 3-2 所示。**注意**：搬运源瓶时，要非常小心，以防打碎源瓶。如有源从源瓶中流出，将非常危险，在这种情况下要求所有车间人员紧急撤离到室外，待室外制定通风排毒计划后，可以戴防毒面具实施计划。

③ 先拧开出气阀，把瓶内压强释放出来，注意阀口不能对着人，再把进气阀拧开，然后在源瓶阀门的垫片下缠生料带，防止漏源。

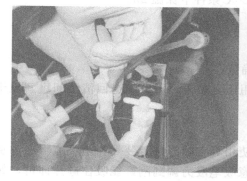

图 3-2　POCl$_3$ 源瓶进出口

④ 生料带缠好后把进气、出气阀拧紧，源瓶小心放回包装箱，搬到扩散间准备装源。

⑤ 把源瓶放入恒温槽，确定装源瓶时不能带入纸屑等杂物（包括贴在源瓶上的标签），以防把恒温槽循环泵的进出水口堵塞。把进气管和出气管接好（手拧不动后再用扳手拧半圈即可）。

⑥ 在 PLC 控制面板上设定大氮、小氮和氧气的流量为零，并关闭大氮、小氮和氧气的进出气电磁阀。

⑦ 在 PLC 控制面板上把小氮出气的电磁阀打开，把源瓶出气阀慢慢地拧开，目的是释放瓶内压力。

⑧ 在 PLC 控制面板上把小氮进气的电磁阀打开，并把小氮流量设为 500。

⑨ 把源瓶进气阀慢慢地拧开，不用眼睛看，手可以感觉到冒泡引起的振动（**注意换源时重点保护的是眼睛**），慢慢拧到全开。

⑩ 把电源柜门关上。

⑪ 看 PLC 上实际流量是否达到设定值，如果一致，再设定小氮流量到扩散时小氮流量值的一半，流量稳定且达到设定值后，再隔着玻璃看源瓶是否漏源（**注意**：未稳定前不能直接看源瓶是否漏源，以免流量增大时可能导致的喷源，造成人员伤害）。

⑫ 实际流量和设定值一致后，把流量设定为扩散时的流量，再隔着玻璃看源瓶是否漏源。

⑬ 如果实际流量和设定值一致，把小氮设为零，在 PLC 控制面板上关小氮进气电磁阀，关小氮出气电磁阀。

⑭ 把大氮电磁阀打开，大氮流量设为 24000～26000。

⑮ 检查恒温槽中纯水量是否达到恒温槽容积的 2/3。

3. 开机

打开扩散炉设备电源，启动扩散控制程序，在手动操作下缓慢升温。扩散炉如图 3-3 所示。

4. 石英管进源

① 安装好石英管和碳化硅浆后，把清洗后的石英舟放在浆上，送入炉管。

② 先在 160℃ 条件下保温 5h，然后在 420℃ 条件下保温 2h。

图 3-3 扩散炉

③ 最后让程序空走 3 次。

5. 装片

① 打开扩散传递窗，对扩散传递窗进行确认。

② 开窗取硅片。取片时，观察硅片是否甩干：若未甩干，则退回清洗间重新甩干；若甩干，则将硅片取出放置于洁净工作台。

③ 关闭窗口。

④ 操作员坐在凳子上，调节真空大小，使用真空吸笔进行装片。用吸笔将硅片从花篮里面取出并插入石英舟里（一槽插两片），注意吸笔吸力调到刚好能吸住硅片即可，如图 3-4 所示。插片时注意头不可伸入超净工作台里。装片时一定要轻拿轻放，装片过程中如发现

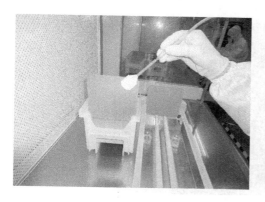

图 3-4 插片工艺示意图

来片有破损时应及时做好记录，同时将碎片分类放入指定的盒子内，统一处理。如有绒面不良的硅片，需及时将情况反映给清洗组长，并将硅片返回清洗工序重新制绒。

⑤ 把装满硅片的小花篮放在超净台边上，石英舟放旁边。插好的硅片如图 3-5 所示。

图 3-5 插好的硅片

⑥ 核对硅片数量是否与流程卡上一致。

⑦ 准确填写流程卡（流入碎片、差异、流入合格品数、流入合格数等）。

⑧ 将空盒及时退还清洗间并将碎片收集放好（面积大于 1/2 的单独放置）。

⑨ 把一个批次硅片装入石英舟内，并排放整齐，等待装舟。

⑩ 装舟操作员戴上橡胶手套或者棉手套、口罩。

⑪ 把放有石英舟的搪瓷盘端到炉前。

⑫ 两手各拿一根舟叉，尖头在前，插入石英舟的两端孔内。正在上舟的硅片如图 3-6 所示。

⑬ 两手抬起舟叉，同时确保舟叉上翘 30°，把石英舟小心地放在碳化硅桨上。

⑭ 用石英舟叉将挡板放置于桨的末端。

⑮ 检查源瓶液位的变化量，戴好防护用品进行检查。

6. 扩散

① 在屏幕上单击工艺运行，选择所需工艺进行扩散。控制面板如图 3-7 所示。

② 扩散工艺参数设定如表 3-2 所示。

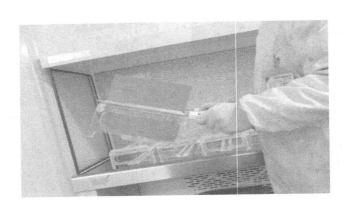

图 3-6　正在上舟的硅片

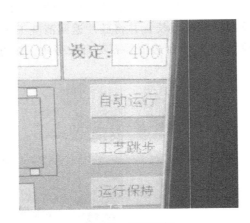

图 3-7　控制面板

表 3-2　扩散工艺参数

温度	扩散流量			时间	饱和流量		时间
	大氮	小氮	干氧		大氮	干氧	
850～880℃	25500	1350	2000	1800s	2000	0	280s

③ 按"运行"键（按的时间稍微长些，直到运行开关亮起）开始扩散。

④ 扩散运行时，由一人负责观察开关、流量和温度的状态，对视图切换进行随时监视，确保温度和流量受控，有异常应及时通知机台负责人处理。

7. 取舟

① 程序运行完毕后，点击返回按钮退回手动操作状态，打开炉门，悬臂桨将石英舟从扩散炉中取出。取舟操作工艺如图 3-8 所示。

② 等悬臂桨运行停止后，操作员戴上橡胶手套或者棉手套、口罩，使用石英舟叉将挡板取下，放在碳化硅桨下面，**注意**不要放在桨进出的轨迹上。

③ 两手各拿一根舟叉，尖头在前，插入石英舟两端的孔内。

④ 抬起舟叉，把石英舟小心地从碳化硅桨上取下，放入搪瓷盘中。

⑤ 把搪瓷盘端到净化工作台上，用石英棒取下石英舟，放在净化工作台上，拿走搪瓷

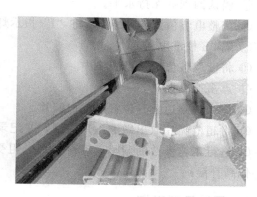

图 3-8　取舟

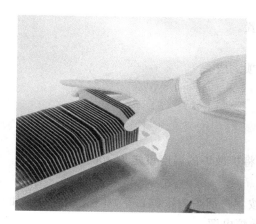

图 3-9　取片方式

盘，并将下一批待扩散的硅片装入扩散炉中。

8. 取片

① 操作员戴上橡胶手套或指套、口罩。

② 用石英吸笔将硅片从石英槽内取出，放入准备好的搪瓷盘（垫滤纸）里，正面（扩散面）朝下放置。取片如图 3-9 所示。

③ 在取片过程中按要求对扩散片进行抽测，记录好流程卡。

9. 检测

① 从一舟上用吸笔均匀取出 5 片硅片待测方块电阻。

② 打开四探针测试台和测试仪的电源，测试设备如图 3-10 所示。

图 3-10　方块电阻检测设备

③ 初次测量时需预热一段时间。

④ 使"R□""I""EXCH.1"显示灯亮。

⑤ 将硅片放置于测试台白线内。

⑥ 点击下降按钮，使针头平压在硅片上。

⑦ 确认四探针保持水平。

⑧ 调整电流值到 4.670A 后将 "I" 指示灯切换成 "R□/P" 状态。

⑨ 隔 2h 校准电流一次。

⑩ 将读取数值记录于表格中。

⑪ 点击上升按钮。

⑫ 等针头到达上升位置时取出硅片。

⑬ 将超范围片取出做返工片处理，并记录下数量和在炉中所处位置。

⑭ 进行工艺参数的调整，确保方块电阻受控（对应所在的位置进行温度调节，偏低降温，偏高升温）。

10.后续管理工作

① 将合格硅片卸入纸盒中。

② 将卸片时产生的碎片按是否大于 1/2 分开放置。

③ 做好岗位 5S 工作。

④ 清点合格电池片的数量，将本工序流程卡余项完成。

⑤ 硅片和流程卡一起放入扩散传递出口。

⑥ 对传递窗进行确认。

11.扩散炉保温和关机

① 在无生产任务时，扩散炉应处于保温状态，将扩散炉的温度设定为 400℃保温。

② 关机（扩散炉需要维修或者长期不用时）。

③ 返回到菜单"流量温度电机手动控制"。再按"舟回炉内"键，等炉门关好后，按加热"关"按钮。最后按"控制电源"按钮，关闭扩散炉电源。

第三节　石英管的拆装与清洗

1.石英管的拆装流程

扩散工艺操作过程中，扩散一段时间后，需要对石英管进行清洗，石英管的清洗拆装流程如图 3-11 所示。

2.石英管清洗

石英管拆除后，对石英管进行清洗。清洗的操作工艺流程如下。

① 石英管清洗槽的清洗。

② 领取所需化学品（HF）。

③ 戴好防毒面具和长乳胶手套进行配液。

④ 将石英管运至清洗机边（使用纸盒包装，内充海绵）。

⑤ 将石英管放入 HF 槽中（三人操作，尾端先放入，**注意**不要碰断进气管和热电偶管）。

⑥ 加水稀释至液位淹没进气管为止。

⑦ 打开启动按钮，使石英管转动进行清洗，间隔 20～30min 检查一下管子的位置，谨

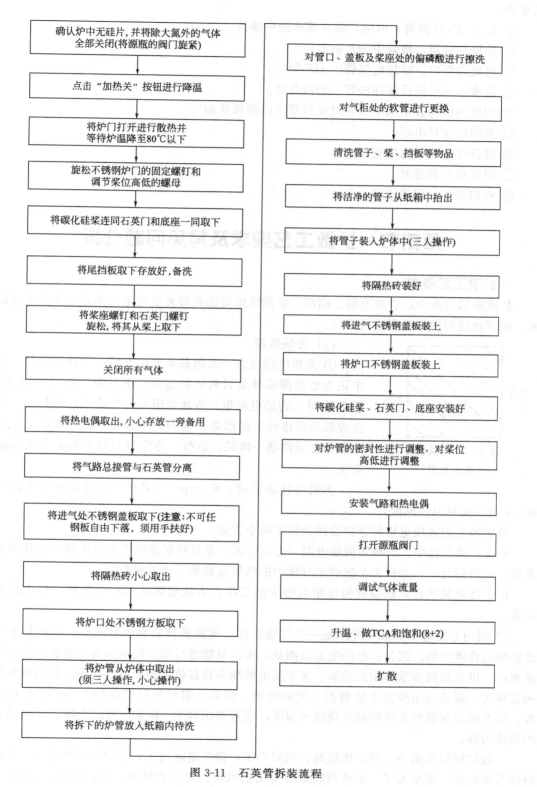

图 3-11 石英管拆装流程

防破裂。

⑧ 1.5~2h后将管子取出，放入清水槽中漂洗。

⑨ 先提高管尾，将管中HF倒出。

⑩ 再提高管口，将热电偶管中HF倒出。

⑪ 排水，用水枪反复冲洗管子的内外壁。

⑫ 用氮气枪将管子吹干（吹时保持管子的旋转状态）。

⑬ 关闭清洗机电源。

⑭ 将管子装入纸盒中备用。

⑮ 将盖板全部盖好。

⑯ 打扫卫生，保持洁净。

第四节　扩散工艺要求及常见问题分析

1. 扩散工艺要求

扩散制结过程中，方块电阻、结深、扩散浓度等因素对光伏电池效率具有非常重要的影响，以下就这些因素分别进行探讨。

（1）方块电阻

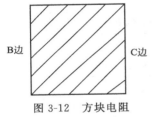

图 3-12　方块电阻测示意图

① 方块电阻概念　方阻就是方块电阻，又称面电阻。指一个正方形的薄膜导电材料边到边之间的电阻，如图 3-12 所示，即 B 边到 C 边的电阻值。方块电阻有一个特性，即任意大小的正方形边到边的电阻都是一样的，不管边长是 1m 还是 0.1m，它们的方阻都是一样的。这样，方阻仅与导电膜的厚度等因素有关。

方阻的计算公式：$R_s = \rho/t$（其中，ρ 为方块电阻的电阻率，t 为方块材料的厚度）。

对扩散工艺方块电阻的管控要注意以下两个方面：

a. 在扩散工艺中，扩散层薄层电阻（方块电阻）是反映扩散层质量是否符合设计要求的重要工艺指标之一，是标志扩散到半导体中的杂质总量的一个重要参数；

b. 扩散效果的稳定跟原材料电阻有很大的关系，方块电阻的大小与扩散的温度成相反关系。

② 利用方阻监控扩散　方阻是一个二级指标，真正的核心是扩散深度，一般扩散深度会影响电性能参数。因为扩散深度无法测量，所以只能通过测方阻来大概反映扩散深度和扩散浓度，以及材料多重作用的结果。至于其电性能参数各值之间的线性关系，目前没有特定的方程式，都是利用经验来控制在一定的范围。测试方阻对最后的烧结工序的影响也很重要，因为结的深度也会影响最后烧结的深度，有可能出现 R_s 异常，所以方阻也是烧结条件的重要指标。

一般结深则电阻小，掺杂浓度高。电阻小了，掺杂量就高了，表面死层就会多，这样会牺牲很多电流。电阻大了，电流的收集就会比较困难。方阻要做高，时间越长，流量越大。方阻越小，结就越深。

　　除了扩散之外，生产中的其他工序对方阻也产生影响。一般如果是稳定生产，方阻也是稳定的。后道生产中，假如出现大量问题片，看症状与方阻有可能相关的，就可以去反查工序中出现的问题。即使电池也是可以测试的，但这只能作为相对参考。一般公司都会规定方阻多少到多少之间的片子可以进入流程，其他的就要返工，但是因为是抽检，不可能保证进入流程的都是好的。

　　③ 方阻的测试法

　　铜棒法测方阻　用四根光洁的圆铜棒压在导电薄膜上，如图 3-13 所示。

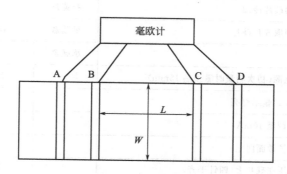

图 3-13　铜棒法测方阻示意图

　　四根铜棒用 ABCD 表示，它们上面焊有导线，接到毫欧计上。使 BC 之间的距离 L 等于导电薄膜的宽度 W，至于 AB、CD 之间的距离没有要求，一般在 $10\sim20\text{mm}$ 就可以了。接通毫欧计以后，毫欧计显示的阻值就是材料的方阻值。

　　铜棒法测方阻的优点如下。

　　a. 用这种方法毫欧计可以测试到几百毫欧、几十毫欧，甚至测试到更小的方阻值。

　　b. 由于采用四端测试，铜棒和导电膜之间的接触电阻、铜棒到仪器的引线电阻即使比被测电阻大也不会影响测试精度。

　　c. 测试精度高。由于毫欧计等仪器的精度很高，方阻的测试精度主要由膜宽 W 和导电棒 BC 之间的距离 L 的机械精度决定。由于尺寸比较大，这个机械尺寸可以做得精度比较高。在实际操作中，为了提高测试精度和测试长条状材料，W 和 L 不一定相等，可以使 L 比 W 大很多，此时方阻 $R_s=R_x W/L$ 为毫欧计读数。

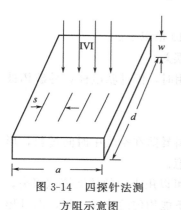

图 3-14　四探针法测方阻示意图

　　四探针法测方阻　目前生产中，测量扩散层薄层电阻广泛采用四探针法。测量装置示意图如图 3-14 所示。图中直线陈列的四根金属探针（一般用钨丝腐蚀而成）排列在彼此相距为 S 的直线上，并且要求探针同时与样品表面接触良好，外面一对探针用来通电流，内端的两根探针测试电流场在两个探头上形成的电势。因为方阻越大，产生的电势也越大，因此就可以测试出材料的方阻值了。

　　关于四探针使用环境：温度 23℃；相对湿度≤65％；无高频干扰；无强光直射。

　　用途：测量半导体材料的电阻率、方块电阻、导电膜方块电阻。

原理：使用四根处在同一水平面上的探针压在所测材料上，1、4探针通电流，2、3探针间就会产生一定的电压，由此就可以得出电阻。

④ 测量方块电阻的标准作业　在扩散制结工艺中，方块电阻测量的作业步骤如表3-3所示。

表3-3　方阻测量操作标准

序号	动作姿势描述	工装夹具	时间/s	备注
1	等待石英舟上扩散好的硅片冷却	石英舟		室温25℃左右
2	用石英吸笔在舟上等距取5片硅片	承载盒	18	注意扩散面方向
3	拿到四探针测试仪处	承载盒	18	
4	打开四探针测试仪的电源(初次测量时需预热15min)		3	可一直待机
5	使"R□"、"1"、"EXCH.1"显示灯亮		4	
6	将电流挡位从0.1mA调至10mA		4	
7	将硅片放在测试台上(扩散面向上)		10	对准基准线
8	按下降按钮,使针头平压在硅片上(四针平齐)		6	五点测量
9	调整电流值为4.530mA(125mm×125mm)、528mA(103mm×103mm)		4	校对,2h一次
10	将"1"的指示灯切换至R□/P:		3	
11	读取稳定值,记录在专用表格中		4	扩散数据记录
12	按上升按钮		3	
13	取走硅片,放好		5	轻取轻放
14	放入第二张硅片		4	扩散面向上
15	按下降按钮		4	
16	读取稳定值,记录在专用表格中		6	
17	同上测第二、三、四、五片(注意炉里、炉中、炉口加以区分)			重复13～17
18	根据规定的工艺要求判断		16	
19	将测试完的硅片拿回到石英舟内		16	注意扩散面方向

⑤ 影响探头测试方阻精度的因素

a.要求探头边缘到材料边缘的距离大于探针间距，一般在10倍以上。

b.要求探头之间的距离相等，不然就会产生等比例的测试误差。

c.理论上讲探头与导电薄膜接触的点越小越好，但实际应用时，因针状电极容易破坏被测试的导电薄膜材料，所以一般采用圆形探头针。

⑥ 实际测量过程中需要注意的问题

a.如果测试的导电薄膜材料表面上不干净，存在油污或材料暴露在空气中时间过长，形成氧化层，会影响测试稳定性和测试精度，在测试中要引起注意。

b.如果探头的探针存在油污等，也会引起测试不稳。此时可以用干净的软纸擦拭探头。

c.如果材料是蒸发铝膜，蒸发的厚度又太薄，形成的铝膜不能均匀地连成一片，而且形成点状分布，此时方阻的值会大大增加，与通过称重法计算的厚度和方阻值不一样，因此要考虑加入修正系数。

（2）结深

对扩散的要求，除了获得适合于光伏电池 PN 结需要的扩散层方块电阻外，对所制备的 PN 结深也有一定的要求。浅结死层小，少数载流子的寿命比较高，光生载流子被收集的概率比较大，电池短波响应也好，但是，浅结会引起串联电阻增加，只有提高栅电极的密度，才能有效提高电池的填充因子，这样，就增加了工艺难度。如果结太深，死层比较明显，少子寿命低，进而影响了光伏电池的光电转换效率。在实际电池制造中，考虑到各个因素，光伏电池的结深一般控制在 $0.3\sim0.5\mu m$。

（3）扩散浓度

扩散浓度是制备 PN 结很重要的一个参数，扩散浓度的大小从某个方面来讲也影响着所制备的 PN 结的深浅。如果扩散浓度比较小，方块电阻会比较大，栅线和半导体之间的接触电阻也会随之增大。如果扩散浓度太大，则会引起重掺杂效应，使电池开路电压和短路电流均下降。

影响扩散浓度的因素主要有以下几个方面。

① 管内气体中杂质源的浓度　管内气体的杂质源主要是磷，进行扩散工艺时，杂质源的浓度越大，磷的扩散速度就越快，单位时间内扩散浓度也就越大。

② 扩散温度　扩散温度愈高，分子的运动越激烈，扩散过程进行得就越快，在相同的时间内扩散浓度变化就越明显。

③ 扩散时间　扩散时间也是扩散运动的重要因素，扩散时间越长，扩散浓度也就越大，同时所制备的 PN 结的结深也就越大。

2. 扩散常见问题故障及措施

（1）工艺问题

在扩散工艺实施中会遇到很多实际问题，常见问题及主要原因如表 3-4 所示。

表 3-4　扩散工艺常见问题及分析

方阻问题	整炉方阻偏大	四探针问题	切换片源	炉温偏低	源温过低
	整炉方阻偏小	四探针问题	切换片源	炉温偏高	源温过高
	炉口处不均匀	炉口不密封	密封圈坏	炉口控温不正常	温度设定不合理
	整个中心整体偏大	四探针问题	切换片源	酸洗停留时间过长	
	整个中心整体偏小	四探针问题	切换片源	做制绒返工片	
	一舟正常一舟偏小	一舟多次或长时间扩散			
	一舟正常一舟偏大	有一舟没扩散（测 PN 结）			
刻蚀问题	刻蚀漏电	未刻好且未检测	设备(功率，流量，压力)问题		
	刻蚀线痕	功率偏大，时间过长	硅片未压紧、未叠整齐		
外观问题	扩散整炉整片发蓝硅片	大氮未通入			
	片内局部发蓝，且非整舟	一次未吹干	一次白片盒上有水		

外观问题	扩散卡点发黄硅片	一次未吹干(下炉也会)	舟卡槽有粉状物,需清洗	
	测试降级片:偏磷酸	接液盘穿孔,滴到硅片	管口偏磷酸较多,需清洗	
	测试降级片:扩散卡点	偏磷酸滴落	同局部发蓝片产生原因	舟必须停用
安全问题	POCl₃ 的存放不合理	未存放到通风柜内	叠放、斜放、倒放等	通风柜电源未开
	源瓶掉落或断裂	用力过大	剧烈晃动或碰撞	未拖住瓶底部
	源瓶爆裂	只开进气阀,未开出气阀	出气阀门堵塞	开班未检查管路
碎片问题	一舟上面连续的碎片	桨未装好,硅片擦到炉管	舟未放好	
	出炉隐裂或碎片	扩散前隐裂或崩缺	插片或进出舟时受到撞击	

(2) 常见故障

扩散工艺在操作中经常遇到一些故障,常见的故障现象及解决措施如表 3-5 所示。

表 3-5 扩散故障及措施

故障表现	诊断	措施
扩散不到	炉门没关紧,有源被抽风抽走	由设备人员将炉门定位,确保石英门和石英管口很好贴合
	携带气体大氮量太小,不能将源带到管前	增大携带气体大氮流量
	管口抽风太大	将石英门旁边管口抽风减小
扩散 R 偏高	扩散温度偏低	升高扩散温度
	源量不够,不能足够掺杂	加大源量
	源温较低于设置 20℃	增加淀积温度
	石英管饱和不够	做 TCA(4+1)n
扩散 R 偏低	扩散温度偏高	减小扩散温度
	源温较高于 20℃	减少扩散时间,不减小淀积温度
扩散片与片之间 R□不均匀	扩散温度不均匀	重新将扩散炉管恒温
扩散后硅片有色斑	甩干机扩散前硅片未甩干	调整甩干机设备及工艺条件
	扩散过程中偏磷酸滴落	长时间扩散后对石英管进行 HF 浸泡清洗

(3) 扩散间操作人员基本素质要求

① 原始硅片电阻率测量电流为 1.540mA。

② 影响扩散方块电阻的因素有源量、时间和温度。

③ 影响扩散后硅片电阻测量精确因素有光照、温度、高频干扰。

(4) 正常运行工艺时舟不能自动进出,怎么办?

① 有可能是面板上的"急停"按钮处按下去了。

② 限位开关未复位或损坏。

③ 保险丝烧断,由设备维护人员换保险(1A)。

④ 操作面板按了"已保持"。

（5）扩散炉清洗好石英管后温度无法升上来，原因有哪些？

① 炉下保险丝烧坏。

② 晶闸管烧坏。

③ 温控坏。

④ 热电偶短路。

（6）换 POCl$_3$ 或 TCA 时，由于误操作，将软管接反，源倒流，怎么办？

① 立即关闭小氮，把软管卸下，用带有酒精的抹布擦净。

② 联系工艺更换软管。

③ 将氧开至 20000，因为氧是起分解作用的，可将管中残源分解。

④ 正确装好，再做鼓泡实验。

（7）换源时，搬运源瓶，阀门有液体滴下，如何处理？

① 立即将出气口开至最大（进气口也必须开），使源瓶内部压力保持平衡。

② 如液面仍偏高，则做倾斜，也就是将源瓶慢慢斜下。

3. 扩散工艺注意事项

① 必须保证扩散间的工艺卫生，所有工夹具必须永远保持干净的状态（包括 TEFLON 夹子、石英舟、舟叉、碳化硅桨），扩散间洁净度小于一万级。

② 任何用具不得直接与人体或者其他未经过清洗的表面接触，石英舟或石英舟叉应放置在清洗干净的玻璃表面上，碳化硅桨暴露在空气中的时间应越短越好，所有作业必须在洁净窗中完成。

③ 源瓶要严加密封，实施"双人双锁"制，即工艺、制造员工各一把，换源时通知巡检，然后才可以更换。POCl$_3$ 会与水反应生成 P$_2$O$_5$ 和 HCl，所以发现 PCl$_3$ 出现淡黄色时就不可以再使用了。磷扩散系统应保持干燥。如果石英管内有水气存在，就会使 P$_2$O$_5$ 水解为偏磷酸，使管道内出现白色沉积物和黏滞液体。另外，偏磷酸会落到硅片上，污染硅片。

④ 禁止每台扩散炉四进四出。

⑤ 在正常运行工艺时，舟在前进，切记不可以开"断点启动"，否则舟会停止，不再前行进入炉管，但磷扩散却会继续。

⑥ 扩散间传递窗的里外两扇门不能同时打开。开门时不能用力过大，防止传递窗门破裂。绝不允许通过传递窗进行交谈。

4. 扩散工艺技术要点

在扩散工序实际操作中，会遇到各种各样的具体问题，所涉及到的相关技术关键要点有以下几个方面。

① 由于硅光伏电池实际生产中均采用 P 型硅片，因此需要形成 N 型层才能得到 PN 结，这通常是通过在高温条件下利用磷源扩散来实现的。这种扩散工艺包括两个过程：首先是硅片表面含磷薄膜层的沉积，然后是在含磷薄膜中的磷在高温条件下往 P 型硅里的扩散。

② 在高温扩散炉里，气相的 POCl$_3$ 或 PBr$_3$ 首先在表面形成 P$_2$O$_5$，然后其中的磷在高温作用下往硅片里扩散。

③ 扩散过程结束后，通常利用"四探针法"对其方块电阻进行测量，以确定扩散到硅

片里的磷的总量。对于丝网印刷光伏电池来说，方块电阻一般控制在 $40\sim50\Omega$。

④ 发射结扩散通常被认为是光伏电池制作的关键工艺步骤。扩散太浓，会导致短路电流降低（特别是短波长光谱效应很差，当扩散过深时，该效应还会加剧）；扩散不足，会导致横向传输电阻过大，同样也会引起金属化时硅材料与丝网印刷电结之间的欧姆接触效果。

⑤ 导致少数载流子寿命低的原因还包括扩散源的纯度、扩散炉的清洁程度、进炉之前硅片的清洁程度，甚至是在热扩散过程中硅片的应力等。

⑥ 扩散结的质量同样依赖于扩散工艺参数，如扩散的最高温度、处于最高温度的时间、升降温的快慢（直接影响硅片上的温度梯度所导致的应力和缺陷）。当然，大量的研究表明，对于具有 $600\,mV$ 左右开路电压的丝网印刷光伏电池，这种应力不会造成负面影响，实际上有利于多晶情况时的吸杂过程。

⑦ 发射结扩散的质量对光伏电池电学性能的影响。

a. 光生载流子在扩散形成的 N 型发射区是多数载流子，在这些电子被金属电极收集之前需要经过横向传输，传输过程中的损失依赖于 N 型发射区的横向电阻。

b. 正面丝网印刷金属电极与 N 型发射区的电接触，为了避免形成 Schottky 势垒或其他接触电阻效应而得到良好的欧姆接触，要求 N 型发射区的掺杂浓度要高。

⑧ 扩散结的深度同样也很关键，因为烧结后的金属电极要满足一定的机械强度。如果结太浅，烧结后金属会接近甚至到达结的位置，会导致结的短路。

⑨ 太阳光谱中，不同波长的光有不同的穿透深度，也就是说不同波长的光在硅材料里的不同深度被吸收。波长越短的光，越在靠近表面的区域被吸收。在 N 型区空穴是少数载流子，在 P 型区电子是少数载流子，每个光子在吸收处产生一对电子-空穴对，由于PN 结的内建场的作用，N 型区的空穴与 P 型区的电子分别扩散到 PN 结附近，然后被分离到另一侧成为多数载流子。

⑩ 因光子被吸收后所产生的电子和空穴（光生载流子）需要扩散一定的距离才能到达PN 结附近，在这一扩散过程中，有些载流子可能会因为复合而消失，从而导致短路电流的降低。通常，利用少数载流子寿命来对此复合损失加以描述。由于硅材料对短波长光（紫外光和蓝光）的吸收主要发生在表面附加区域，因此，考虑扩散结的要求时（扩散深度和结深），仅需要对短波长的光加以特别关注。

⑪ 要求一定的扩散浓度以确保因载流子横向传输所经过的电阻造成的损失较小。由于掺杂浓度会极大地降低少数载流子的寿命，而结太深又会增加少数载流子在扩散到 PN 结的过程中的复合损失，当横向薄层电阻低于 100Ω 时，光伏电池表面会不可避免地存在一个区域，在该区域中由于光被吸收，所产生的载流子会因为寿命太短而在扩散到 PN 结之前就被复合，从而对电池效率没有贡献，该特殊区域被称为"死层"。

⑫ 实际上，丝网印刷光伏电池的横向薄层电阻通常在 $40\sim50\Omega$，"死层"效应更严重。不仅紫外光，即使太阳光谱中最高密度的绿光的贡献也会受到影响。对于绿光，有大约 10% 的强度会在"死层"被吸收而失去贡献。相比而言，波长较长的红光和红外光因主要在体内被吸收，所产生的光生载流子被收集的概率几乎不受扩散结的影响。

⑬ 需要指出的是，即使将薄层电阻升高到 100Ω，由于浓扩散导致的"死层"效应减少，表面的复合仍然很严重，需要进行表面钝化。因此，要制备高效光伏电池，需要同时满足淡掺杂和表面钝化两个条件。

⑭ 光伏电池的开路电压和短路电流与器件内部的复合息息相关。复合越小，开路电压越高。同时，复合情况也影响着饱和暗电流。由于"死层"里的复合速率非常高，在表面和"死层"里所产生的光生载流子对短路电流和复合电流均没有贡献。

⑮ 由于丝网印刷光伏电池的表面扩散浓度较高，"死层"效应较严重，硅片本身的质量和被表面复合对开路电压的影响更严重。

第五节　扩散炉的使用与维护

1. 扩散装置示意图

扩散装置如图 3-15 所示。

图 3-15　扩散装置示意图

2. 扩散炉总体结构

从图 3-15 可以看出，扩散炉总体主要由控制部分、推舟净化部分、电阻加热炉部分、气源部分所组成。控制部分主要控制进出舟，推舟净化部分主要为舟的进出提供洁净的环境，电阻加热炉主要是控制扩散炉的温度，气源部分主要控制扩散源的流量及尾气的排放量。通过这些因素的控制，得到最佳的扩散工艺。

3. 工艺控制软件的使用

（1）软件的启动

按下"上电"按钮，启动工控计算机，双击"扩散监控系统"图标后启动工艺控制软件。启动软件后，程序进入登录界面，选择用户名、输入密码，即可登录。

如果修改密码，则先输入原密码，再在相应的框内输入新密码，按确认后就可完成修改。正确输入密码登录后，进入手动操作界面。

（2）温度设置

界面上有三个模拟温度控制器图形，分别对应扩散炉的三段温度控制器。温度控制器图形中第一行三个绿色的示值为左、中、右三个温区的控温热电偶测量值。三个热电偶之间的区域正是该设备的恒温区。第二行的三个红色示值为温度控制器的温度设定值（SV 值）。三个点的 SV 值可以单独设置，主要供调试和维护所用，在自动运行界面中，没有开放。

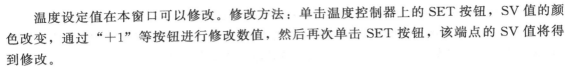
温度设定值在本窗口可以修改。修改方法：单击温度控制器上的 SET 按钮，SV 值的颜色改变，通过"＋1"等按钮进行修改数值，然后再次单击 SET 按钮，该端点的 SV 值将得到修改。

（3）手动界面的温度曲线和流量曲线显示

在手动操作界面中有一个记录并描述温度的曲线图。横坐标为时间轴，起始长度为 1 小时。记录到 1 小时，时间区域长度自动翻倍，依次类推，一直记录，在两种情况下将自动停止：

① 点击"退出系统"按键，退出工作程序；

② 进入程序工艺运行（此时将启动运行状态下的温度曲线记录）。

温度曲线是控制热电偶 PV 的温度记录，左端温度记录曲线显示为白色线条，中点温度记录为红线条，右端温度记录为绿线条。

界面右上角显示有系统时间，每月要注意将其与标准时间核对。

本界面还有流量曲线显示，操作同温度曲线显示，通过手动操作间界面上的"温度曲线/流量曲线"进行温度曲线显示和流量曲线显示的切换。

（4）阀动作设置

在手动操作界面的中上部有系统的气路总图和气路简图的显示，两者可以通过"气路总图/气路简图"按钮进行切换。在窗口的右下侧有一个"设置区域"，在该区域可对电磁阀状态和气体流量进行设置。设置键为右侧中部的"＋1"等按键。在设置 O_2 阀、N_2 阀、小氮阀气体阀门及流量时，相应的气体阀门将会打开，反映在屏幕上是气体简图中的阀门将会改变颜色（绿色为开，红色为关）。设置区右侧是测量数值区，可以观察到实际气体流量的大小，显示单位为 L/min。

（5）舟动作设置

界面的右下角有一个"测量值区域"，显示舟的状态（舟前进、舟后退、舟停止、前限位、后限位），舟处于哪个状态，那个状态就显示红色"True"。

在手动操作屏的舟移动上只需设置舟速并选择前进或后退，即可实现舟的自动动作。操作过程如下。

① 点击设置区域中的舟前进或舟后退，使其选中为有效，此时以红色突出显示。

② 单击设置区域中的舟速，使其选中为有效，然后通过软键盘设置速度值。速度值允许输入 0～600，单位 mm/min。速度设置为 0 表示舟停止状态，数值越大，速度越快，但高速状态下不利于舟的运行平稳，所以一般设置在 200～300 之间。

③ 在舟的运行中，点击"舟停止"按键，舟立即停止运动。

④ 舟运动时，如果判断到舟的限位开关被压住，舟将自动停止。

（6）调试恒温区

① 根据工艺要求在计算机上设置好所需的温度值。

② 按下面板上的"加热开"按钮。

③ 当炉温达到设定温度并稳定后，用标准测温系统先测三个点：恒温区中点、左端点、右端点（如 800mm 长的恒温区，则测炉体中点及其左右 400mm 处的两点），根据测得温度的高低，对相应的温控仪的温度修正值做出修改，修改后待温度稳定 15min 后再测。经多次反复到三点调平后，再将热电偶放至炉体左端点处稳定 20min 以上，然后每隔 5min 将热电偶拉出 60mm，根据数字表的显示情况，再对相应温控仪的温度修正值做适当调整。

（7）工艺编辑

单击"数据编辑"按钮，程序进入集成工艺编辑屏。具体操作如下。

① 打开工艺　如果想打开其他已经编辑的工艺，只需在"打开工艺号"下拉框中选择所需工艺号即可。打开其他工艺时，当前编辑的工艺不保存。

② 编辑工艺　编辑工艺数据时，先用鼠标单击想要编辑数据的位置，然后单击软键盘的相应按键即可。程序的工艺最多为30步，每次显示15步，按"下一页"或"上一页"切换。编辑时最好从第一步开始，先编辑工艺时间，只有工艺时间不为零时才可编辑该步其他工艺。设置推舟状态，0表示停止，1表示前进，2表示后退。

点击"插入步"按钮，将出现"插入步号"的下拉框，选好插入步号后点击"确定"，即实现插入操作。删除步骤方法相同。

③ 工艺保存　编辑完工艺后，在"编辑工艺号"下拉框中选择希望保存的工艺号，然后单击"存盘退出"，则工艺保存完毕。不想保存，则点击"不存盘退出"，回到手动操作界面。

设置工艺升温过程时一般按如下步骤：第一步温度设置为40℃，时间1min，即设备在常温下停留1min。第二步升温，时间为目标温度除以6，即升温斜率为6℃/min。

④ 工艺曲线历史记录　点击手动界面的"工艺曲线"按钮，进入历史记录屏。

在工艺记录屏，不要选择盘符及目录，使用系统默认的目标位置。

选中文件，文件名为"年月日-工艺号.本日第n次运行此工艺号"。在左下方有相应的文件资料。

点击"删除"，可将选中文件删除。点击"返回"可退出本窗口。点击"历史数据"可查看工艺运行历史数据，在工艺运行历史数据记录屏中可查看历史时间点的各项参数，记录每6s为一个间隔。点击"温度曲线"可打开工艺运行历史温度曲线。点击"转换文件"按钮，可把选定的记录文件转换成同名的Excel文件。

（8）工艺运行

点击手动操作屏的"工艺运行"按钮，进入操作人员运行登录屏，输入正确的工艺运行信息进入工艺运行窗口。在运行窗口左上侧，是本步工艺信息。点击"运行…"按钮，将切换为保持状态，程序运行的所有倒计时停止，其他一切如常，点击"已保持…"可切换至运行状态。点击"在线编辑"，可对未运行的工艺步骤进行编辑。

（9）断点启动

控制程序在工艺自动运行时如果中途退出或因断电、死机等原因未能正常完成设定工艺，将自动生成断点信息。在手动操作屏中单击"断点启动"，可查看发生断点时的各种工艺参数。点击"断点启动运行"，将直接进入自动运行屏，继续运行剩余的工艺。

（10）报警显示

单击手动操作屏的"报警窗口"按钮，将在屏幕的气路图显示区域显示系统的报警状态，相应项的灯为红色的表示在报警。如果出现"控制热偶短路或温控仪温度显示异常报警"，系统会自动地显示报警窗口，只需单击"报警窗口"按键就会解除报警状态。

（11）退出程序

点击手动操作屏中的"退出系统"按钮，输入正确的密码后，点击"确定"按钮即结束控制程序。程序退出后温度设定不变，流量设定全部为0。

(12) 程序操作注意事项

① 严禁删除计算机内已经安装的各种软件。需要重新安装操作系统或本控制系统时，需由经过培训的人员进行。

② 程序退出后将关闭所有的阀门及流量，推舟停止运行，温控仪的各个参数将保持。

③ 如设备长时间不运行，要关掉主机电源。运行本程序时禁止玩游戏和运行其他程序，未经允许，不得进行磁盘操作。

4.设备各个组件的使用

(1) 碳化硅桨的使用

① 首次使用前清洗

湿法清洗 用 HF∶HCl∶H_2O=1∶1∶4 或 1∶1∶8 溶液清洗，然后在去离子水中彻底清洁、漂洗。

干燥 产品湿洗之后进入高温前必须经过彻底干燥，在干净的氮吹扫环境下，室温干燥 24h，或者在 160℃下干燥 5h，吹扫后必须以低速（小于 8in[❶]/min）低温（低于 400℃）的状况进入炉管。400℃保持 12h 以后，再以 8℃/min 的速度升温。

② 维护时的清洗

湿法清洗 使用 HF∶H_2O=1∶5 溶液清洗，根据使用具体情况来确定清洗的周期。

干燥 参照①。

(2) 石英器件的使用

清洗程序

① 用去离子水将石英器件冲洗干净。

② 将石英管置于 6％氢氟酸溶液中浸蚀 4min。

③ 用去离子水冲洗干净以后，干燥待用。

注意 搬运石英件时，应小心谨慎，并随时使用棉制手套。

(3) 扩散源的使用

源的灌装

① 装源的石英瓶必须清洗干净，并用氮吹干。

② 确保源瓶上的阀门与瓶颈之间无泄漏。

③ 装源必须在有良好抽风系统的房间进行，并且操作人员必须佩戴能有效保护眼睛及呼吸系统的防护面具，必须戴好厚橡胶手套，不得将皮肤裸露在外。

源瓶的安放

① 在将源瓶放入恒温槽之前不得打开源瓶上的阀门。

② 向恒温槽注入深度为槽深 2/3 的水。

③ 双手扶住源瓶，并将其倾斜，慢慢放入恒温槽对应的位置。

④ 连接好气管（小管进气，通至源瓶的底部，携带源的氮从粗管排出）。

⑤ 打开进气阀和出气阀。

注意 进气管道和出气管道千万不可接反。装好源瓶后进气阀门和出气阀门必须打开，否则通气以后会引起源瓶爆炸，对设备造成严重损坏。

---

❶ 1in＝25.4mm

（4）安全保护及事故处理

安全保护注意事项

① 设备一定要有良好的接地。

② 装扩散源时，必须在有良好的通风排毒的条件下进行。

③ 当系统出现报警时，必须在彻底排除故障后方可重新开机。

④ 进行扩散工艺时，炉口废气室、源柜的排气口一定要与通风系统相通。

⑤ 超温保护要求每天工艺前测试一次。

出现故障时的处理

① 扩散源出现故障时，应先关闭相应的气路的手动阀，并暂停工艺运行，待排除故障后才能继续扩散工艺。

② 炉子超温，会自动切断加热电源并发出声光警报，此时应先查找原因，待故障处理后再重新开启加热。

③ 如发生液源溢出，要立即擦拭干净，并暂停生产，仔细检查源瓶是否破裂。

（5）保养与维护

① 恒温区校准周期　炉子恒温区调好以后，不是频繁连续生产，可两个月校准一次，连续生产，一个月校准一次。

② 炉体保温在隔一天以上的工艺之间，炉温最佳为450～650℃保温。

③ 设备工作环境应长期保持清洁、干燥、无污染。

④ 设备长期不用时，每隔一星期通电运行一次，防止器件受潮失效。

更换损坏元器件时，应尽量采用规格、型号相同的器件。温控仪等关键器件不得采用替代品。

5.扩散炉开机流程

扩散炉操作过程中，实际操作流程如图3-16所示。

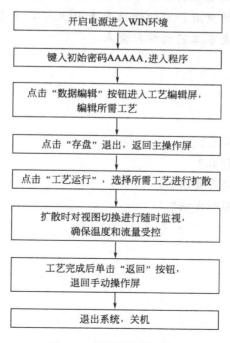

图 3-16　扩散炉开机流程

第六节　制定扩散工艺作业指导书

通过本模块的学习，要掌握扩散工序工艺指导书的制作。该工艺指导书的格式及主要内容如表3-6所示。

表3-6　扩散工序工艺作业指导书格式样本

公司生产 车间名称	文件名称：扩散工艺作业指导书	版本：A	
	文件编号：	修订：	
	文件类型：	撰写人：	第 * 页 共 * 页

1. 目的
2. 适用范围
3. 职责
4. 主要原材料及半成品
5. 主要仪器设备及工具
6. 工艺技术要求
7. 操作规程
8. 工艺卫生要求
9. 注意事项

 **小结**

扩散制结是制备PN结的工艺，是电池片制备中极其重要的一个工艺，PN结质量的好坏直接影响电池片的方块电阻，从而影响着电池片的转换效率。

磷扩散制结是电池制备最常用的一种方法。扩散制结的原理、工艺过程都是本模块学习的重点，它的磷携带者$POCl_3^-$，有毒，具有挥发性，对其的使用注意事项也是本工艺的学习重点。

思考题

1. 为什么要进行扩散工艺？

2. 扩散工艺的原理是什么？

3. 扩散工艺的结果有哪些要求？

4. 方块电阻的测量有哪些方法？

腐蚀周边(刻蚀)工艺

【学习目标】

① 了解去周边层的目的。
② 掌握去周边层的原理。
③ 掌握去周边层的操作工艺流程。

第一节 腐蚀周边 (刻蚀)工艺的目的与原理

1. 刻蚀目的

由于在扩散过程中，即使采用背靠背的单面扩散方式，硅片的所有表面（包括边缘）都将不可避免地扩散上磷，如图 4-1 所示。PN 结的正面所收集到的光生电子会沿着边缘扩散有磷的区域流到 PN 结的背面而造成短路。此短路通道等效于降低并联电阻。经过刻蚀工序，硅片边缘带有的磷将会被去除干净，避免 PN 结短路造成并联电阻降低。

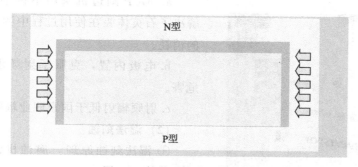

图 4-1　扩散后硅片 P 的分布

2. 刻蚀的方法

在电池片制备工艺过程中，常见的去周边层方法有干法刻蚀与湿法刻蚀，原理分别如下。

(1) 干法刻蚀

① 干法刻蚀原理　干法刻蚀是采用高频辉光放电反应，使反应气体激活成活性粒子，

如原子或游离基，这些活性粒子扩散到需要刻蚀的部位，在那里与被刻蚀的材料进行反应，形成挥发性生成物而被去除。它的优势在于快速的刻蚀，同时可获得良好的物理形貌（这是各向同性反应）。具体步骤如下：

首先，母体分子 CF_4 在高能量的电子碰撞作用下分解成多种中性基团或离子，如 CF_4、CF_3、CF_2、CF、C 等；

其次，这些活性粒子由于扩散或者在电场作用下到达 SiO_2 表面，并在表面上发生化学反应（掺入 O_2，提高刻蚀速率）；

最后，生成易挥发性的物质，达到刻蚀的效果。

刻蚀的反应方程式：

$$CF_4 + SiO_2 \xrightarrow{O_2} SiF_4 \uparrow + CO_2 \uparrow$$

原理图如图 4-2 所示。

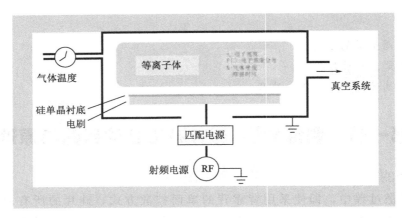

图 4-2　干法刻蚀原理图

② 干法刻蚀设备　MCP 刻边机如图 4-3 所示。

③ 设备特点

图 4-3　干法刻蚀设备

a. MCP 刻边机采用不锈钢材质作反应腔，解决了石英体腔在使用过程中频繁更换腔体带来的消耗。

b. 电极内置，克服了射频泄漏产生臭氧的危害。

c. 射频辐射低于国家职业辐射标准。

（2）湿法刻蚀

① 湿法刻蚀原理　腐蚀机制大致是 HNO_3 氧化生成 SiO_2，再用 HF 去除 SiO_2。化学反应方程式如下：

$$3Si + 4HNO_3 \Longrightarrow 3SiO_2 + 4NO + 2H_2O$$
$$SiO_2 + 4HF \Longrightarrow SiF_4 + 2H_2O$$
$$SiF_4 + 2HF \Longrightarrow H_2SiF_6$$

② 湿法刻蚀设备（图4-4） 槽体根据功能不同，分为入料段、湿法刻蚀段、水洗段、碱洗段、水洗段、酸洗段、溢流水段 、吹干槽，所有槽体的功能控制在操作电脑中完成。具体工艺如表4-1所示。

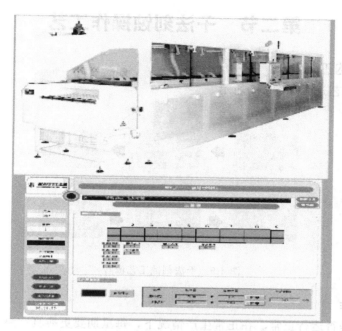

图4-4 湿法刻蚀设备外观及软件操作界面

表4-1 槽式布局及工艺

上片 → 操作方向，带速1.2m/min →

上料位	去PSG槽	刻蚀槽	水槽	碱槽	水槽	酸槽	水槽	吹干	下料位

槽号	2♯槽	3♯槽	4♯槽	5♯槽	6♯槽	7♯槽	8♯槽
溶液	HF	HF、HNO_3		NaOH		HF、HNO_3	
作用	去PSG	刻蚀、背面抛光		去多孔硅		去金属杂质,使硅片更易脱水	
温度	常温	4℃	常温	20℃	常温	常温	常温

③ 湿法刻蚀设备的主要特点

a. 有效减小化学药品使用量。

b. 高扩展性模块化制程线。

c. 拥有完善的过程监控系统和可视化操作界面。

d. 优化流程，降低人员劳动强度。

e. 通过高可靠进程，降低碎片率。

f. 自动补充耗料，实现稳定过程控制。

3. 刻蚀工艺要求

刻蚀工艺完毕后，对硅片的要求如下：

① 硅片刻蚀边光亮，无磷硅玻璃颜色；

② 表面清洁，无裂痕、崩边、缺角；

③ 刻蚀周边端面内相距 2.0cm 的两点间电阻大于 16kΩ。

第二节　干法刻蚀操作工艺

1. 干法刻蚀的工艺过程

干法刻蚀的工艺过程如图 4-5 所示。

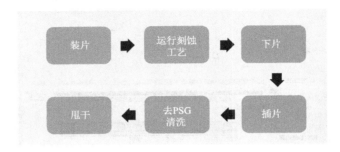

图 4-5　干法刻蚀工艺流程

（1）准备工作

检查真空泵是否运行正常。在正常生产情况下，每星期要更换真空泵油。

（2）开机

① 合上等离子刻蚀设备电源和操作台面板上的电源开关。

② 按下操作界面上的机械泵"开"按钮，使真空泵开始运转。

③ 在空载情况下，按下操作界面上的射频电源"U_f"开关，开始预热（至少 6min），确定射频电源运行正常。

（3）装片

① 操作工人戴上口罩、乳胶手套。

② 拧松夹具上的螺钉，取下压板。把硅片放在跟硅片同大小的一块聚四氟板（125mm×125mm 或者 156mm×156mm）上，把另一块同样大小的聚四氟板压在硅片上，然后弄整齐（倒片子时，力度不要太大，片子之间不能有太大的摩擦）。

③ 把叠好的硅片一起放在夹具底座上，注意不要弄错正反面（规定正面一律朝下），压上压板，拧紧螺钉（拧的时候，注意片子不要有相对移动，也不要拧得太紧）。

（4）刻蚀

① 在屏幕上点"手动运行"，进入手动画面。

② 在屏幕上点"手动"按钮，进行手动操作。在屏幕上点"充气开"按钮充气，直到盖板自动打开，再点"充气关"按钮停止充气。

③ 参数设定　射频电源放电时间：700～800s；射频功率：500～750（500）W；四氟化碳：100～200ml/min；氧气：10～20ml/min；氮气：大于 1000ml/min。

④ 把夹装好的硅片放入反应室中，夹具的凹槽嵌入反应室中的支撑架。

⑤ 按下操作台上的"运行"按钮，系统开始自动运行：关门→开调节阀门→开主抽阀门→关主抽阀门，开工艺气体(氧气和四氟化碳)→开高频放电→关高频电源和工艺气体→通氮气→关氮气，关调节阀门，充气→停止充气，自动开门。

⑥ 操作员戴上粗棉手套，待冷却，从反应腔室中取出夹具放到工作台上。

⑦ 电阻测量，用万用表测量刻蚀周边端面内相距 1.5cm 的两点间电阻，记录在流程卡里。

(5) 卸片

① 拧松压板螺钉，取下聚四氟压板。

② 把硅片按原来的正反面方向放好(正面朝下)，并和登记好的流程卡一起送交给清洗间的接收人员。

(6) 关机 (无生产时)

① 确定反应室内无硅片。

② 停止运行真空泵，并关闭真空泵电源，关闭射频电源，关闭等离子刻蚀设备总闸。

2. 干法刻蚀中的影响因素

干法刻蚀中的影响因素主要是 CF_4 和 O_2 的气体流量、辉光时间、辉光功率。表 4-2 为干法刻蚀工艺参数。

表 4-2　干法刻蚀的工艺参数

工作气体流量/SCCM		气体/Pa	辉光功率/W	辉光颜色
O_2	CF_4			
20	200	100	500	腔体内呈乳白色,腔壁处呈淡紫色

工作阶段时间/s						
抽气	透气	辉光	抽气	清洗	抽气	充气
60	120	600	30	20	50	60

3. 生产注意事项

① 禁止裸手接触硅片。

② 插片时注意硅片扩散方向，禁止插反。

③ 刻蚀边缘在 1mm 左右。

④ 刻蚀清洗完硅片要尽快镀膜，滞留时间不超过 1h。

第三节　湿法刻蚀的操作工艺

1. 刻蚀操作

湿法刻蚀生产工艺流程如图 4-6 所示。

(1) 准备工作

严格佩戴劳保用品、活性炭口罩、PVC 作业手套，检查每个机器运行情况是否正常，

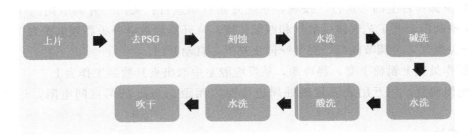

图 4-6　湿法刻蚀生产流程

工艺参数是否正常。

（2）上料

上料员通过传递窗接收扩散车间片子，并关闭传递窗的门后，检查硅片是否有缺片、崩边、缺角、小黑点等不良现象，将不良硅片放入指定盒子内。双手将片盒（硅片）放入上料台上。

（3）刻蚀

传送带将硅片依次经过如下槽位：刻蚀槽（主槽）→清洗一槽→碱槽→清洗二槽→酸槽→清洗三槽→干燥槽→下料台。主要的槽位功能如下。

① 刻蚀槽作用　去除硅片周边及背面 PN 结，减少漏电流；去除在扩散工艺形成的磷硅玻璃，减少光的反射，降低接触电阻。

② 碱槽作用　洗去硅片表面多孔硅；中和前道刻蚀后残留在硅片表面的酸液。

③ 酸槽作用　中和前道碱洗后残留在硅片表面的碱液；去除 SiO_2 和金属离子；在硅片表面形成 H 钝化。

注意　湿法刻蚀主要刻蚀的是硅片的下表面，因此刻蚀后硅片的上表面才是硅片的正面，即保留了 N-Si 的一面。

（4）下料

在硅片的正面与片盒之间放入一张白纸，防止污染硅片的正面。将装满硅片的片盒从下料台上取下，注意有无缺片、破损、水渍、过刻等不良现象。

（5）检验

湿法刻蚀通常要对硅片以抽检的方式进行三项检验：刻蚀减薄量测试、边缘绝缘性测试、疏水性测试。具体测试如下。

① 刻蚀减薄量　测试人员戴好乳胶手套，用精密电子测重仪（最小示数为 1mg）称量 4 片硅片刻蚀前后的重量。一般每台刻蚀机每小时测试一次。

② 边缘绝缘性能测试　测试人员戴好乳胶手套，每批次取 4 片硅片，用万用表测试硅片边缘的电阻，要求电阻值大于 $20k\Omega$。测试时万用表两根表笔间相距 2cm，在硅片边缘滑动测试，四周均需测试，不能漏测。具体操作如图 4-7 所示。

③ 疏水性能测试　在硅片正面均匀滴上水滴，滴管垂直硅片上方 2cm 处滴下，肉眼可见 5s 内发生扩散，30s 扩散范围大于 2cm 为正常。测试合格情况如图 4-8 所示。

（6）送片

检查后硅片无不良现象，将片盒放入推车中，通过传递窗送入 PECVD 工序。

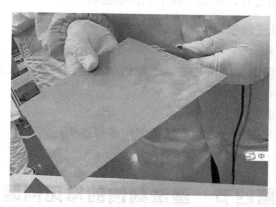

图 4-7　边缘绝缘性能测试

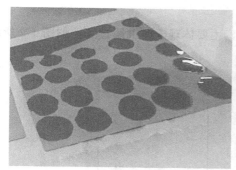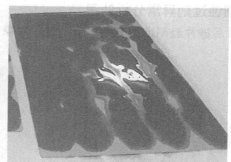

(a) 刚滴水的情况　　　　　　　　　　(b) 1min后均匀扩散的情况

图 4-8　疏水性能测试

2. 湿法刻蚀的影响因素

湿法刻蚀的影响因素有带速、温度、HF 与 HNO_3 的配比、槽体内各药液浓度、外围抽风、液面高度等。

3. 日常检点项目

① 检查刻蚀槽片子是否走偏、翘片。

② 检查各槽风刀吹干情况。

③ 检查各槽喷淋管道喷淋情况。

④ 检查各槽滚轮面有无碎片干扰，开关盖板时要轻拿轻放。

⑤ 检查下料台片子，对应上料台上面情况。

⑥ 检查片子有无倾斜。

⑦ 检查各槽液位是否正常。液位过高、过低都需要检查调整。

4. 湿法刻蚀的优点

① 避免使用有毒气体 CF_4。

② 湿法刻蚀的片子背面更平整，背面反射率优于干刻，能更有效地利用长波增加 I_{sc},

背场更均匀，减少了背面复合，从而提高了光伏电池的 V_{oc}。

5.湿法刻蚀生产的注意事项

① 禁止裸手接触硅片。

② 上片时保持硅片间距 40mm 左右，扩散面朝上上片，禁止放反。

③ 刻蚀边缘在 1mm 左右。

④ 下片时注意硅片表面是否吹干。

⑤ 刻蚀清洗完，硅片要尽快镀膜，滞留时间不超过 1h 。

第四节 湿法刻蚀的常见问题

湿法刻蚀常见问题有过刻、PECVD 后白边、疏水性能不合格等。

1.刻蚀过刻异常分析处理

扩散后硅片经刻蚀槽刻蚀后出现过刻现象，主要体现于刻蚀线过宽，如图 4-9 所示。

刻蚀线过宽

图 4-9　过刻现象

（1）主要原因

① 工艺原因　刻蚀槽药液浓度过大或循环流量过大引起边缘过刻，刻蚀槽内压强过大。

② 设备原因　刻蚀槽某处滚轮位置偏低或进水槽 1 处某根滚轮偏高。

（2）处理方法

① 将刻蚀槽盖板掀开一条缝，降低蚀刻槽内压强。

② 药液浓度过大，可手动往蚀刻槽内补加 DI 水进行药液稀释，或加快传送带速，减少过刻（带速调节视情况而定，最多一次调节增加 0.15 的带速，减薄量控制范围 0.08～0.12g）。

2.PECVD 镀膜后硅片边缘发白

① 异常现象　刻蚀后硅片下传至正常镀膜的 PE 机进行镀膜，镀膜后的硅片边缘发白，丝网背电场粗糙。异常现象如图 4-10 所示。

② 原因分析　刻蚀机碱槽 KOH 流量偏小；或者碱槽自动增补正常，水槽 1 干燥风刀吹干效果差，大量 DI 水带入碱槽，使碱槽药液浓度稀释。

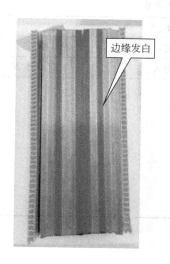

图 4-10　边缘发白和背场粗糙

③ 处理方法　如果刻蚀机碱槽 KOH 流量偏小，则调整流量；如果是大量水进入碱槽，则通知设备人员疏通风刀。如发白现象不严重，则可进行手动补充碱液恢复正常，如发白严重，pH 试纸显示基本为中性，则更换槽体内碱液。

3.刻蚀疏水性异常分析处理

① 现象　硅片经臭氧喷淋后，在机器下料端硅片的输水性较差，水滴扩散不开。该现象如图 4-11 所示。

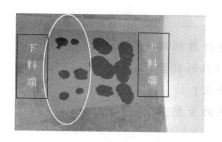

图 4-11　下料端疏水性差

② 原因分析　疏水性很有可能跟 HF 酸的添加量有关，所以酸槽浓度可能存在异常。

③ 处理方法　提高酸槽浓度，精确校准碱液浓度，对酸槽进行换液。

第五节　制定腐蚀周边工艺指导书

根据腐蚀周边工艺操作流程，由学生负责制定腐蚀周边工艺作业指导书。作业指导书的形式如表 4-3 所示。

表 4-3　腐蚀周边工艺作业指导书

公司生产车间名称	文件名称:腐蚀周边工艺作业指导书	版本:A	
	文件编号:	修订:	
	文件类型:	撰写人:	第 * 页　共 * 页

① 目的
② 适用范围
③ 职责
④ 主要原材料及半成品
⑤ 主要仪器设备及工具
⑥ 工艺技术要求
⑦ 操作规程
⑧ 工艺卫生要求
⑨ 注意事项

小结

　　腐蚀周边是电池片制备中极其重要的一步,腐蚀质量直接影响电池片的并联电阻的大小,进而影响着电池片的光电转换效率。

　　干法刻蚀和湿法刻蚀是当前应用最为广泛的两种刻蚀方法。干法刻蚀主要是利用等离子体对电池片的周边进行刻蚀,而湿法刻蚀是利用化学药剂腐蚀的方法进行刻蚀。它们都有各自的优缺点。

思考题

1. 为什么要对电池片进行腐蚀周边?

2. 腐蚀周边需要达到什么样的要求?

3. 干法刻蚀的原理是什么?

4. 刻蚀工艺有哪些方面的管控?

去PSG工艺

【学习目标】

① 掌握去除硅片表面的磷硅玻璃（PSG）和表面氧化层的原理。

② 掌握去 PSG 工艺操作流程。

③ 硅片表面应清洁光亮，无染色，无明显源迹。

第一节　去 PSG 工艺的目的与原理

1. 去 PSG 目的

扩散时 $POCl_3$ 与 Si 反应生成副产物 SiO_2，残留于硅片表面，形成一层磷硅玻璃（掺 P_2O_5 的 SiO_2，含有未渗入硅片的磷源）。磷硅玻璃对于太阳光线有阻挡作用，并会影响到后续减反射膜的制备，需要去除。

2. 去 PSG 原理

利用 HF 与 SiO_2 能够快速反应的化学特性，使硅片表面的 PSG 溶解。

主要反应方程式为：

$$4HF + SiO_2 \Longrightarrow SiF_4 + 2H_2O$$

第二节　去 PSG 工艺流程及注意事项

1. 去 PSG 工艺流程

（1）配液

按处理液配方配制去磷硅玻璃处理液，处理液配方 $HF : H_2O = 1 : 6$（体积比）。然后将处理液注入去磷硅玻璃设备的处理槽内，液面高度为离槽口约 80mm。

（2）开机

按去磷硅玻璃设备的操作规程启动全自动清洗设备，使其处于正常运转状态（绿灯）。

（3）装片

① 操作员戴好口罩和乳胶手套，将去周边层后的硅片插入硅片盒。注意装片时保证硅片的正面朝同一个标有明显标记的方向，如图 5-1 所示。

图 5-1 装片示意图

② 将装满硅片的硅片盒放入承载框，再将承载框放到进料工位上。

③ 设定工艺参数如表 5-1 所示。

表 5-1 去 PSG 工艺参数

序号	工序名称	辅助	处理液及其浓度	时间/min	温度/℃
1	腐蚀	鼓泡	$HF : H_2O = 1 : 6$	5	RT
2	漂洗	鼓泡	DI 水	5	RT
3	喷淋	—	DI 水	4	RT
4	漂洗	—	DI 水	5	RT

（4）清洗

启动进料传送线将承载框送到清洗设备本体，由自动机械手将承载框手移依次送到各工位，对硅片进行腐蚀清洗去除磷硅玻璃。经 4 个工位全过程处理后将硅片取出。

（5）甩干

① 将装满硅片的硅片盒放入甩干机中，启动设备，甩干，如图 5-2 所示。

② 记录甩干后合格的硅片，并通过传递窗流向下一道镀膜工序。

图 5-2 甩干机示意图

（6）自检

检查硅片是否有裂痕、缺角、崩边现象，将无法继续生产的硅片取出，并填写片数，记录好流程卡。

（7）关机

生产任务完成后，停止设备运行，关闭电源，清洁、维护设备。

2. 工艺卫生要求

绝对不允许用手直接接触硅片。物品和工具定点放置，用过的工具要放回原位，严禁乱放。

3. 注意事项

① 严格按照去磷硅玻璃设备操作规程进行生产。

② 操作员应时刻注意显示设备运转状态的指示灯，绿灯为正常运转，黄灯为手动或其他，红灯为异常或事故发生，立即按下急停按钮。

③ 工作结束时及时关闭电源、氮气、水源和压缩空气。

第三节　去 PSG 工艺中的材料与设备仪器

1. 主要原材料及半成品

氢氟酸（HF）　　　　　　　分析纯/电子级

扩散、刻蚀后的硅片（Si）　　125mm×125mm；156mm×156mm

2. 主要仪器设备及工具

去磷硅玻璃（PSG）清洗设备、电阻率测试仪、花篮承载框、清洗小花篮（硅片盒）、量杯。

3. 原材料的注意事项

在去 PSG 的原材料中，氢氟酸具有一定的腐蚀性与危害性，尤应加以注意。

氢氟酸的性能如下。

（1）氢氟酸（HF）物质的理化常数

氢氟酸是一种弱酸，但是其具有独特的性能，能与二氧化硅发生反应。氢氟酸的理化常数如表 5-2 所示。

表 5-2　氢氟酸的理化常数

国标编号		81016		
CAS 号		7664-39-3		
中文名称		氢氟酸		
英文名称		Hydrofluoric acid		
别名		氟化氢溶液		
分子式	HF	外观与性状		无色透明有刺激性臭味的液体。商品为40%的水溶液
分子量	20.01	沸点		120℃（35.3%）

续表

熔点	−83.1℃（纯）	溶解性	与水混溶
密度	相对密度 1.26（75%）（水＝1）；相对密度 1.27（空气＝1）	稳定性	稳定
危险标记	20（酸性腐蚀品）	主要用途	用作分析试剂、高纯氟化物的制备、玻璃蚀刻及电镀表面处理等

（2）对环境的影响

① 健康危害　侵入途径：吸入、食入、经皮肤吸收。

对皮肤有强烈的腐蚀作用，能穿透皮肤向深层渗透，形成坏死和溃疡，且不易治愈。眼接触高浓度氢氟酸可引起角膜穿孔。接触其蒸气，可发生支气管炎、肺炎等。长期接触可发生呼吸道慢性炎症，引起牙周炎、氟骨病。

② 毒理学资料及环境行为

急性毒性　LC50 1276ppm（1ppm＝10^{-6}），1h（大鼠吸入）。

亚急性和慢性毒性　家兔吸入 $33\sim41mg/m^3$，平均 $20mg/m^3$，经过 1~5.5 个月，可出现黏膜刺激，消瘦，呼吸困难，血红蛋白减少，网织红细胞增多，部分动物死亡。

致突变性　DNA 损伤：黑胃果蝇吸入 1300ppb（1ppb＝10^{-9}）（6 周）。性染色体缺失和不分离：黑胃果蝇吸入 2900ppb。

生殖毒性　大鼠吸入最低中毒浓度（TCL0）：$4980\mu g/m^3$（孕 1~22 天），引起死胎。

危险特性　腐蚀性极强。遇 H 发泡剂立即燃烧。能与普通金属发生反应，放出氢气而与空气形成爆炸性混合物。

燃烧（分解）产物　氟化氢。

4. 实验室监测方法

离子色谱法。

超纯酸的电感耦合等离子体质谱分析。

5. 环境标准

GBZ1—2010《工业企业设计卫生标准》中规定车间空气中有害物质的最高容许浓度 $1mg/m^3$。

6. 应急处理处置方法

（1）泄漏应急处理

疏散泄漏污染区人员至安全区，禁止无关人员进入污染区。建议应急处理人员戴好面罩，穿化学防护服。不要直接接触泄漏物，在确保安全情况下堵漏。喷雾状水，减少蒸发。用沙土、干燥石灰或苏打灰混合，然后收集运至废物处理场所处置。也可以用大量水冲洗，经稀释的洗水放入废水系统。如大量泄漏，利用围堤收容，然后收集、转移、回收或无害处理后废弃。

（2）防护措施

呼吸系统防护　可能接触其蒸气或烟雾时，必须佩戴防毒面具或供气式头盔，紧急事态抢救或逃生时，建议佩戴自给式呼吸器。

眼睛防护　戴化学安全防护眼镜。

防护服　穿工作服（防腐材料制作）。

手防护　戴橡皮手套。

其他　工作后，淋浴更衣。单独存放被毒物污染的衣服，洗后再用，保持良好的卫生习惯。

（3）急救措施

皮肤接触　脱去污染的衣着，用流动清水冲洗10min或用2％碳酸氢钠溶液冲洗。若有灼伤，就医治疗。

眼睛接触　立即提起眼睑，用流动清水或生理盐水冲洗至少15min，就医。

吸入　迅速脱离现场至空气新鲜处。保持呼吸道通畅。呼吸困难时需输氧。给予2％～4％碳酸氢钠溶液雾化吸入，就医。

食入　误服者给饮牛奶或蛋清，立即就医。

灭火方法　雾状水、泡沫。

第四节　制定去PSG工艺作业指导书

根据去PSG工艺操作流程，由学生负责制定去PSG作业指导书。作业指导书的形式如表5-3所示。

表5-3　去PSG工艺作业指导书

公司生产车间名称	文件名称:去PSG工艺作业指导书	版本:A	
	文件编号:	修订:	
	文件类型:	撰写人:	第 * 页　共 * 页

① 目的

② 适用范围

③ 职责

④ 主要原材料及半成品

⑤ 主要仪器设备及工具

⑥ 工艺技术要求

⑦ 操作规程

⑧ 工艺卫生要求

⑨ 注意事项

小结

　　去PSG是扩散后十分重要的一步。去除PSG，不仅可以去掉背结，还可以因此去掉部分被吸附的杂质，提高硅片的纯度，增加少子寿命，进而可以提高电池片的光电转换效率。

　　另外，腐蚀性很强的氢氟酸的特性、氢氟酸对环境的危害以及常见事故的处理也是本节重点。

思考题

1. 为什么要去除 PSG？

2. 去 PSG 的原理是什么？

3. 使用氢氟酸时需要采取哪些防护措施？

镀膜工艺

【学习目标】

① 掌握镀减反射膜的目的与工作原理。
② 了解常见的镀膜工艺。
③ 掌握 PECVD 镀膜的操作工艺流程。
④ 掌握 PECVD 镀膜与薄膜检测设备的使用与维护。
⑤ 掌握 PECVD 镀膜中常见的问题及处理方法。

第一节　减反射膜的目的与工作原理

1. 制备减反射膜的目的

光照射到平面的硅片上，其中一部分被反射，即使对制绒的硅表面，由于入射光产生多次反射而增加了吸收，但也有约 11% 的光反射损失。在其上覆盖一层减反射膜，可大大降低光的反射。研究和实际应用表明，具有单减反射层的硅片，其反射率可以降低到 10% 以下。

2. 减反射层的工作原理

（1）工作原理

减反射的基本原理是利用光在减反射膜上下表面反射所产生的光程差，使得两束反射光干涉相消，从而减弱反射，增加投射。如图 6-1 所示，图中示出 1/4 波长减反射膜的原理。从第二个界面返回到第一个界面的反射光与第一个界面的反射光相位差 180°，所以前者在一定程度上抵消了后者。

（2）反射膜材料的选择

在正常入射光束中，覆盖了一层厚度为 d_1 的透明层的材料表面反射的能量所占比例的表达式为

$$R = \frac{r_1^2 + r_2^2 + 2r_1 r_2 \cos\theta}{1 + r_1^2 r_2^2 + 2r_1 r_2 \cos 2\theta} \tag{1}$$

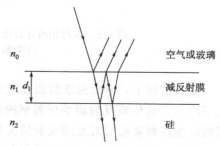

图 6-1　由 1/4 波长减反射膜产生的干涉效应

其中，r_1、r_2 由下式得出：

$$r_1 = \frac{n_0 - n_1}{n_0 + n_1}, \quad r_2 = \frac{n_1 - n_2}{n_1 + n_2} \tag{2}$$

式中，n_i 代表不用媒质层的折射率。θ 由下式给出：

$$\theta = \frac{2\pi n_1 d_1}{\lambda} \tag{3}$$

当 $n_1 d_1 = \lambda_0 / 4$ 时，反射有最小值：

$$R_{\min} = \left(\frac{n_1^2 - n_0 n_2}{n_1^2 + n_0 n_2}\right)^2 \tag{4}$$

减反射膜的最佳厚度为 $d_1 = \lambda_0 / 4n_1$。

由上式可知，如果反射率是其两边材料的折射率的几何平均值（$n_1^2 = n_0 n_2$），则反射值为零。对于在空气中的晶硅电池，$n_{si} = 3.6$，减反射膜的最佳折射率是硅折射率的平方根（即 $n_{opt} = 1.9$）。图 6-2 中有一条曲线表示出在硅表面覆盖有最佳折射率（$n_{opt} = 1.9$）的减反射膜的情况下，从硅表面反射的入射光的百分比与波长的关系。减反射膜的设计，使得在波长为 600nm 处产生最小的反射。从覆盖有减反射膜的硅表面反射的可利用的太阳光的加权平均值能保持在 10%，与此相反，从裸露的硅表面则超过 30%。

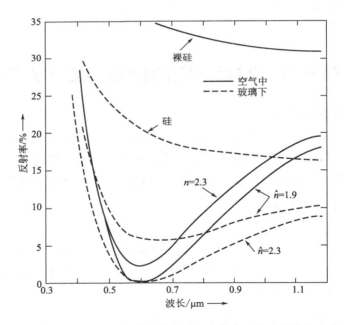

图 6-2　入射光的百分比与波长的关系（虚线表示将硅封装在玻璃或有类似折射率的材料之下的结果）

实际情况下，电池通常封装在玻璃之下或嵌在与玻璃相类似的材料之中，玻璃的折射率 n_0 为 1.5，这使减反射膜的折射率的最佳值增加到大约 2.3。覆盖有折射率为 2.3 的减反射膜的电池在封装前后对光的反射情况如图 6-2 所示。

光伏电池中使用的一些减反射膜材料的折射率如表 6-1 所示。除了有合适的折射率外，作为减反射层的薄膜材料，通常要求有很好的透光性，对光线的吸收越少越好；同时具有良好的耐化学腐蚀，良好的硅片粘接性；如果可能，最好还具有导电性能。在光伏电池材料和入射光谱确定的情况下，减反射的效果取决于减反射膜的折射率及厚度。

表 6-1　制作单层或多层减反射膜所用材料的折射系数

材料	折射系数	材料	折射系数
MgF_2	1.3～1.4	Si_3N_4	～1.9
SiO_2	1.4～1.5	TiO_2	～2.3
Al_2O_3	1.8～1.9	Ta_2O_5	2.1～2.3
SiO	1.8～1.9	ZnS	2.3～2.4

在实际晶体硅光伏电池工艺中，常用的减反射层材料如表 6-1 所示，其中 TiO_2 和 Si_3N_4 是晶硅光伏电池制备工艺中最为常用的减反射膜材料。TiO_2 光学薄膜具有较高的折射率，透明波段中心与太阳光的可见光谱波段符合良好，是一种理想的光伏电池减反射膜。Si_3N_4 具有良好的绝缘性、致密性、稳定性和对杂质离子的掩蔽能力，而且氮化硅制备过程中还能对硅片产生氢钝化的作用，明显改善硅光伏电池的光电转换效率。现今晶硅电池行业，采用氮化硅薄膜作为减反射膜已经成为研究和应用的重点。

第二节　PECVD 镀膜工作原理

1.常见镀膜工艺

(1) 常见工艺

氮化硅薄膜的制备方法很多，有直接氮化法、溅射法、热分解法等，也可以在 700～1000℃下由常压化学气相沉积法（APCVD）或者在 750℃左右用低压化学气相沉积法（LPCVD）制得，但现在工业上和实验室一般使用等离子增加化学气相沉积法（PECVD）来生成氮化硅薄膜。

相对其他技术而言，PECVD 制备薄膜的沉积温度低，对多晶硅中少数载流子的寿命影响小，而且生产能耗较低，沉积速度较快，生产效率高，氮化硅质量好，薄膜均匀且缺陷密度较低。在现今晶硅电池制备工艺中，PECVD 已成为最常见的镀膜工艺。

(2) 氮化硅膜工艺、质量要求

① 镀膜的厚度　单晶为 75nm±5nm，多晶为 80nm±5nm，颜色为蓝色。

② 镀膜的均匀性要求应为片内≤±5%，片间≤±6%，批间≤±7%（膜厚 1μm 内）。

③ 氮化硅薄膜的折射率控制在 2.0～2.3 之间。

④ 镀膜后的硅片无裂痕、崩边、缺角。

⑤ 镀膜后不能出现由于短路引起的花纹片。

2.PECVD 工作原理

利用辉光放电原理产生等离子体，然后沉积形成薄膜的技术称为等离子体增强化学气相沉积技术（Plasma enhance chemical vapour deposition，PECVD）。图 6-3 所示为等离子体增强化学气相沉积系统的结构示意图。由图中可以看出，反应室中有上下电极，上电极为阴极，下电极为阳极，反应气体（硅烷、氨气）与载气由反应室一段进入，在两电极中间发生化学反应，产生等离子体，生成的氮化硅薄膜沉积在被加热的衬底表面上，生成的副产物则随载气流出反应室。

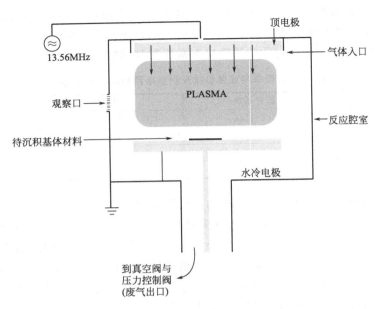

图 6-3　等离子增强化学气相沉积系统的结构示意图

实际工艺中，根据辉光放电的功率和频率不同，辉光放电可分为直流辉光放电、低频辉光放电（数百千赫兹）、射频辉光放电（RF，13.56MHz）、甚至高频辉光放电（VHF，30～150MHz）等形式。图 6-3 采用的是射频辉光放电。

利用等离子增强化学气相沉积制备氮化硅薄膜，主要是采用硅烷与氨气进行化学反应，其主要反应方程式为

$$3SiH_4 + 4NH_3 =\!=\!= Si_3N_4 + 12H_2\uparrow$$

在反应室中，气体的反应式并不像上式那么简单，而是复杂的物理化学过程。一般认为，在硅烷与氨气通入反应室后，首先在电场的作用下发生分解，可能存在 Si、SiH、SiH_2、SiH_3、N、NH、NH_2、H、H_2 基团，以及其他少量的 $Si_mH_n^+$、$N_mH_n^+$ 离子基团。

$$3SiH_4 \xrightarrow[400℃]{辉光放电} SiH_3 + SiH_2 + SiH + 6H$$

$$2NH_3 \xrightarrow[400℃]{辉光放电} NH_2 + NH + 3H$$

总反应：
$$3SiH_4 + 4NH_3 \xrightarrow[400℃]{辉光放电} Si_3N_4 + 12H_2\uparrow$$

由于可能存在多种化学反应，使得氮化硅薄膜的性能对制备条件非常敏感，反应的温度、气体流量、时间等都会影响薄膜的性能，不同的设备需要独特的优化工艺，才能制备出高质量的氮化硅薄膜。在生产氮化硅薄膜的同时，还会产生一定量的氢原子，这些氢原子在沉积氮化硅薄膜的同时会进入晶硅，可以起到钝化的作用。

第三节　PECVD 镀膜的操作工艺流程

1. PECVD 设备的基本结构
PECVD 设备基本结构如图 6-4 所示。

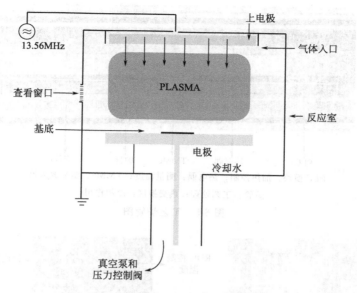

图 6-4　PECVD 设备基本结构图

（1）硅片上料区

硅片上料区由 LIFT 系统、进舟系统和 SLS 系统组成，各系统的主要作用如下。

① LIFT 系统　LIFT 系统主要在上舟和下舟时启动。上舟是指机械臂将石墨舟从小车上取下，存放至暂存架（storage），若有未生产的炉管，则可以将石墨舟从暂存架上取下或是直接从小车上取下放到桨上，等待进舟。下舟是指石墨舟经过冷却后，机械臂将其从桨上取下，再放置在小车上拉出。

② 进舟系统　进舟系统主要在进舟退舟时启动。桨载着石墨舟将其送入炉管中进行镀膜工艺，待石墨舟放下后空桨退出。等待镀膜工艺完成后，桨会进入炉管将舟取出（桨：由碳化硅材料制成，具有耐高温、防变形等特性）。

③ SLS 系统　Soft Landing System（软着陆系统），该系统主要控制桨在炉管内上下移动。它配合进舟系统一起动作，当完成桨在高位将舟送入炉管内的动作时，SLS 系统动作，桨会载着舟一起下沉，到达设定值后停止。此时桨在低位，桨与舟已经完全脱离。再继续退舟动作，直到舟完全退出。同样在取舟时，桨在低位进入炉管。完成动作后，SLS 开始动作，桨上升到设定位置后停止，此时舟在桨上，并且保证退舟时不会碰到管壁。接着桨开始退舟动作。

（2）TGA 柜

TGA 柜顶部的排风能有效地抽掉因开炉门而排出的热量、有毒有害气体和杂质。柜内有炉门气缸，用于控制炉门的打开和关闭。

（3）工艺炉管

PECVD 工艺炉管包括 PLC 模块、热电偶、TMM6、炉管、热交换区等结构。工艺炉管如图 6-5 所示。

（4）电柜

电柜内包括加热电源开关、机台电源开关、RDIO 温度开关、路由器、CMS、炉管加热开关、高频电源开关等。电柜如图 6-6 所示。

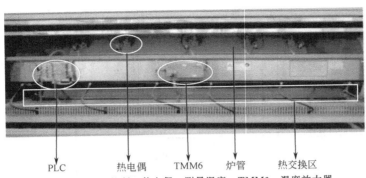

PLC 　　　　热电偶　　　TMM6　　　炉管　　　热交换区

PLC 模块：加热控制；热电偶：测量温度；TMM6：温度放大器；

炉管：工艺处理；热交换区：冷却作用

图 6-5　工艺炉管图

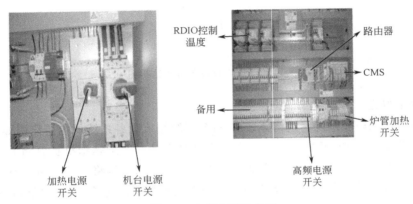

图 6-6　电柜内部设备图

2.主要原材料及设备工具

（1）主要原材料（表 6-2）

表 6-2　PECVD 镀膜所需的原材料

材料	硅烷	氨气	氮气	氢气	去 PSG 后的硅片
要求	6N 以上	5N 以上	5N 以上	5N 以上	符合清洗工艺、质量要求

（2）主要仪器设备及工具

仪器设备及工具主要包括等离子增强化学气相沉积（PECVD）设备、特殊气体供气系统、石墨舟（125 型、156 型）、石英吸笔、取舟吊钩、万用表、椭偏仪等。

3.准备工作

检查设备所需的水、电、气是否准备完毕。

4.开机

① 确认水、电、气准备完毕后，由工序长开启电控柜内设备的总电源、开启设备开关电源，进入计算机系统，开启真空泵，开启加热。

② 选定工艺文件，根据"光伏电池工艺参数表单"设定工艺参数。在正常运作下，实行自动循环。

5. 接收硅片

清洗送来的硅片由各班指定人员收取。收片人员在收片时首先应检查硅片的数量与流程卡上所标明的数量是否吻合，其次检查硅片是否有破损、缺角、崩边等缺陷，是否有绒面不良硅片。发现来片有破损时应及时做好记录，同时将碎片分类放入指定的盒子内，统一处理。如有绒面不良的硅片，需将硅片返回清洗工序重新制绒。

6. 装片

① 装片时，插片员均应戴乳胶指套和口罩。操作员使用石英吸笔将硅片一片一片依次插入石墨舟内，注意正面在两个电极之间。石英吸笔的吸力大小通过调节阀来调节，只要吸笔能够吸住硅片即可。取片时，花篮大开口朝向自己，此面为硅片正面（图6-7），吸片位置为片子的中间偏右方。

② 插片时，先将硅片竖直放入舟内，硅片接触卡点1、2后，向卡点3方向偏移5°左右，直至硅片完全卡到工艺卡点上方为插片完成，如图6-8和图6-9所示。

图 6-7　在花篮中取片示意图

图 6-8　插片时，1、2卡点

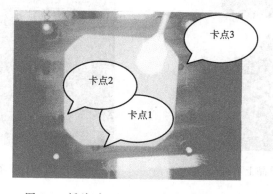

图 6-9　插片时，1、2、3卡点固定示意图

③ 插片员用石英吸笔对放入石墨舟中的硅片的位置进行校正，进一步固定好硅片。对插好的硅片进行检查。

④ 上舟员用取舟吊钩将石墨舟吊放在管式PECVD的机械手上，注意要轻抬轻放。

注意 在进舟和出舟过程中，当班组长需认真观察机械手的运行情况，如发现有撞舟的可能，须及时按下急停按钮，并及时将问题报设备部。

7. 镀膜

① 运行自动程序 自动循环程序如下：开始→充氮→取片→装载→送片→慢抽→主抽→恒温→恒压→预放电→淀积→抽空→充氮→抽空→充氮→抽空→充氮→抽空→结束。

在放电过程中，需认真观察辉光放电情况，如放电不正常，则需及时转到抽空步骤，并将舟取出，对没有装好的硅片重新定位。

② 参数设置 多晶硅镀膜工艺的主要参数如表6-3所示。NH_3 与 SiH_4 的流量随时跟踪膜色做微调，但是比例基本保持在 6～7 中间。

表6-3 多晶工艺主要参数　　　　　　　　　　　　　　　　　mbar

工艺参数	温区	1#source	4#source	2#source	5#source	3#source	Current＝90A
Ar_2		1.9	2.0	2.1	2.0	2.1	
NH_3		0.8	0.82	0.82	0.85	0.86	
SiH_4		0.128	0.129	0.133	0.139	0.140	
NH_3：SiH_4		6.25	6.36	6.17	6.12	6.14	
	SHT1	PHT	PHT	PHT	DHT	DHT	SHT3
温度功率/W	2200	5400	4600	2100	5600	5400	2200
	SHT2	BHT	BHT	BHT	BHT		SHT4
温度功率/W	2200	3100	3100	4400	4400		2000

③ 沉积完毕后，石墨舟自动退出。

④ 用取舟吊钩将石墨舟从管式PECVD的机械臂上取下，并放上另一个装好硅片的石墨舟，以此往复，实现连续生产。单晶、多晶上下舟如图6-10和图6-11所示。

图6-10 单晶上下舟

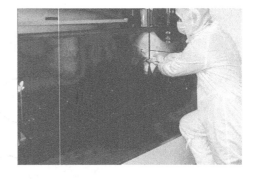

图6-11 多晶上下舟

⑤ 取片 取片员使用石英吸笔将硅片从石墨舟中取出，放入丝网印刷的花篮内，如图6-12所示。

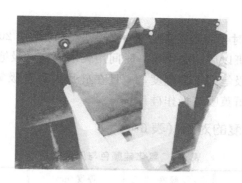

图 6-12 取片（多晶、单晶取片方法一致）

8. 自检

① 检查硅片是否有缺角、崩边，对于缺角、崩边的硅片不得流入后续工序，应按规定分类、集中放置，统一印刷生产。

② 每批抽测 5 片，检查硅片膜厚和折射率。检查硅片的膜厚，由管式 PECVD 镀膜硅片的膜厚检查采用目测方式，目测颜色为蓝色，所有外观颜色正常或目测出膜厚有少许偏薄及少许偏厚的硅片都属合格，均可流入后续工序；对于外观颜色偏差严重、线痕、白斑、跳色、局部有花纹、或局部未镀上膜的硅片应予以分别统计并暂留，待重洗后返工生产。不良片如图 6-13 所示。

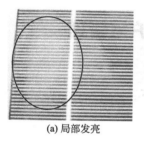
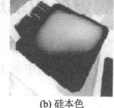

(a) 局部发亮   (b) 硅本色   (c) 色斑   (d) 电打火

图 6-13 镀膜异常情况图

③ 检查硅片背面是否存在由于沉积时局部短路而镀上的氮化硅膜。对于硅片背面沉积上少量氮化硅膜的硅片（面积小于 $100mm^2$），按正常硅片往下流，若背面沉积面积超标，则需隔离，待重洗后返工生产。

9. 关机顺序

① 关闭加热。

② 将反应室抽成真空。

③ 关闭慢抽和主抽。

④ 关闭真空泵。

⑤ 退出系统。

⑥ 关闭设备控制电源。

10. 工艺卫生要求

① 凡是对硅片的操作，严禁空手直接接触硅片。使用乳胶指套时，注意乳胶指套属于

一次性使用。

② 管式 PECVD 生产时会用到石英吸笔，石英吸笔每操作 200 片硅片后必须用无水酒精进行清洗，每班在交接班以后，必须第一时间用无水酒精对吸笔进行清洗或更换吸笔。中途由工序长随时负责检查吸笔的干净程度，一旦在硅片上留有吸笔印则要停下用酒精擦拭，严禁使用长时间未清洗的石英吸笔操作硅片。

11. 氮化硅颜色与厚度的对照（表 6-4）

表 6-4　氮化硅颜色与厚度关系

颜色	厚度/nm	颜色	厚度/nm	颜色	厚度/nm
硅本色	0～20	很淡蓝色	100～110	蓝色	210～230
褐色	20～40	硅本色	110～120	蓝绿色	230～250
黄褐色	40～50	淡黄色	120～130	浅绿色	250～280
红色	55～73	黄色	130～150	橙黄色	280～300
深蓝色	73～77	橙黄色	150～180	红色	300～330
蓝色	77～93	红色	180～190		
淡蓝色	93～100	深红色	190～210		

第四节　PECVD 镀膜设备的维护与管理

1. PECVD 操作程序

PECVD 镀膜工艺时间一般为 25min，设备内的工艺程序如下：

① 工艺开始（processing started）；

② 充氮气——达到大气压的标准值（fill tube with N_2）；

③ 进舟——SLS 显示桨位于高位 loading boat（paddle in upper position）；

④ 桨降低至低位（paddle moves downwards）；

⑤ 桨在低位退出（move out paddle-lower position）；

⑥ 在炉管内抽真空，并进行管内压力测试（因为空气接触到硅烷会发生爆炸）（evacuate tube and pressure test）；

⑦ 通过高频电源用氨气预清理和检查（plasma preclean and check with NH_3）；

⑧ 清洗管路 1（purge cycle 1）；

⑨ 测漏（leaktest）；

⑩ 恒温（wait until all zones are on min. temperature）；

⑪ 通过高频电源用氨气清理（ammonia plasma preclean）；

⑫ 镀膜（deposition）；

⑬ 结束镀膜（end of depposition）；

⑭ 抽真空及测试压力（evacuate tube and pressure test）；

⑮ 清洗管路 1（purge cycle 1）——将特气管内剩余硅烷和氨气抽走，防止硅烷和氨气

与空气接触发生爆炸；

⑯ 充氮气（同第 2 步）(fill tube with N₂)；

⑰ 桨在低位进入炉管内 (move in paddle-lower position)；

⑱ SLS 上移至高位 (SLS moving to upper position)；

⑲ 退舟 (unloading boat)；

⑳ 结束工艺 (end of process)。

2. 石墨舟的清洗

石墨舟在沉积了 200 次以后，如果石墨电极片附着上了大量的氮化硅化合物时，就有必要对其清洗。如果石墨电极片在沉积 200 次后比较干净，可以继续使用，但最多不能超过 300 次。石墨舟在沉积 300 次以后必须清洗。清洗时使用氢氟酸，氢氟酸具有较强的腐蚀性，操作者必须佩戴手套。应先佩戴乳胶手套，然后在乳胶手套外佩戴厚橡胶手套。严禁在没有手套保护的情况下使用氢氟酸清洗石墨舟！

清洗步骤如下。

① 拆下石墨舟的上下金属电极叉，将石墨舟放入石墨舟清洗槽。

② 往清洗槽中加水直至石墨舟被全部淹没并稍许高出，然后沿着槽壁小心倒入 4 瓶氢氟酸。倒入氢氟酸时应均匀地倒在清洗槽的各个部位，再加水至指定液位。打开清洗槽的进气阀进行鼓泡，鼓泡时应注意防止氢氟酸飞溅伤人。石墨舟在氢氟酸中浸泡的时间应不少于 6h，如果清洗效果不佳，可适当延长时间。

③ 当石墨舟上的氮化硅清洗干净之后，关闭鼓泡。将石墨舟取出，放入另一个清洗槽中加水清洗，清洗时间应不少于 3h，同时打开进气阀鼓泡。氢氟酸溶液无需放掉，可继续使用，直至 6 个舟清洗完毕。如若清洗过程中发现由于氢氟酸浓度下降而导致清洗效果欠佳时，可适当加入氢氟酸。

④ 用纯水将石墨舟进行溢流漂洗 30min，取出晾干 30min，然后将石墨舟放入烘箱内进行烘烤。首先在温度设定为 100℃下烘烤 2h，然后在温度设定为 180℃下烘烤 2h。

⑤ 将金属电极叉置入氢氟酸溶液中浸泡 30min 以去掉金属电极叉上的氮化硅。浸泡时注意不要浸泡金属电极叉的焊接部分。浸泡后用清水冲洗 20min 以去除氢氟酸。冲洗干净后置入烘箱内进行烘烤，温度设定为 120℃下烘烤 20min。

⑥ 取出石墨舟，装好电极叉。安装时应留意上下电极叉的相应位置，注意不得装反。用万用表检查石墨舟两极是否绝缘，若不绝缘，首先应检查安装时是否有短路情况。若电极间有短路情况，则继续加热烘烤，直至两极绝缘。

⑦ 清洗后的新舟投入使用前，必须经过预处理，即在不放硅片的情况下放入反应室中沉积氮化硅 60min。严禁使用未经过预处理的石墨舟进行生产。

注意 新舟在第一次送入反应室时，应特别注意电极是否对准。

3. 石英管的维护

① 定期将石英管内的碎片捞出，时间定为每周的星期×，由各班轮流负责。打捞时应使用指定的打捞工具进行，打捞人员必须穿戴必要的防烫护具，严禁在炉体处于加温状态进行无保护打捞。当炉体由于维护、修理等处于降温状态时，可用吸尘器清理石英管内的碎片。在打捞碎片时应注意保护石英管，防止对石英管造成任何损伤。打捞出来的碎片不得随

意丢弃，应放入收集碎片的盒子内。

② 如果石英管内壁附着大量的粉尘，且粉尘在沉积时污染硅片表面时，应将设备温度降至室温，用无尘纸或无尘纸蘸无水酒精擦洗石英管内壁，从而将粉尘擦除。擦洗时应注意保护石英管，防止对石英管造成任何损伤。若粉尘对硅片表面无影响，无需擦洗。

③ 每半年应对石英管进行一次彻底清洗。由于该工作牵涉真空系统，故清洗工作必须在主管工程师指导下进行。未经主管工程师授权，任何人不得轻易拆卸石英管。石英管的装卸由设备部负责。

4.真空泵的维护

设备部要定期将真空泵内循环水进行排放更换，时间定为每周的星期×。

5.炉门的维护

设备经过长期的生产使用，会导致炉门口堆积一些碎片，不及时清理不仅导致高频报警，同时也会使炉门的密封性变差，而密封圈与法兰之间是直接接触，炉门在高温情况下的开关和工艺后的残留气体会污染密封圈，这就需要定期清理炉门以及对炉门进行维护。炉门维护的主要流程如下。

（1）准备工作

本次作业需要准备内六角扳手、防高温手套、无尘布、无水乙醇等。工具和材料如图6-14所示。

(a) 内六角扳手　　　(b) 防高温手套　　　(c) 无尘布　　　(d) 无水乙醇

图 6-14　作业准备工具和材料

（2）作业步骤

① 手动将机械臂上升到最高位，若有小车，需将小车取出。

② 在所需维护炉管的主界面，点击命令栏打开炉门（Manual → Boat → Position → Setposition →输入 22 并回车）。炉门命令栏如图 6-15 所示。

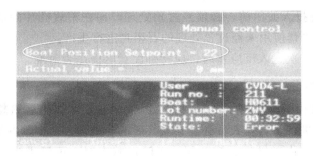

图 6-15　炉门命令栏

③ 在将要维护的炉门锁掉后，将 CMI 上方的操作旋钮旋转切换至"hand"后，打开设备防护门。操作页面及操作旋钮如图 6-16 所示。

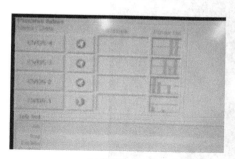
(a)操作命令

(b)操作按钮

图 6-16　打开设备防护门操作

④ 将炉门的防护挡板取下，如图 6-17 所示。

图 6-17　取下防护挡板

⑤ 双手戴好防高温手套，用蘸有酒精的无尘布擦拭炉门管壁、外沿和炉门密封圈，如图 6-18 所示。

图 6-18　擦拭炉管口

⑥ 用内六角扳手紧固炉门的螺钉，如图 6-19 所示。

图 6-19　紧固炉门

⑦ 在刚维护过的炉管的主界面，点击命令栏关闭炉门（Manual →Boat →Position→Setpoint →MINIMUM），如图 6-20 所示。

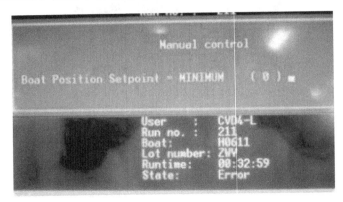

图 6-20　关闭炉门命令

⑧ 做保压测试，无问题后可正常使用：

抽真空：Manual（手动）→Tab（切换）→Vacuum（真空管）→Tube（炉管）→Pressure（压力）→Maxmim（最大值）；

Manual（手动）→Gas（气体）→N_2（氮气）→Volume（值）→Minimum（最小值）；

Manual（手动）→Gas（气体）→N_2NO（大氮）→Valve（气体阀）→Close（关闭）；

保压：Vacuum（真空）→Tube（真空管）→Pressure（压力）→Minimum（最小值）；

⑨ 装上炉门挡板，关好设备防护门后，将 CMI 上方的操作旋钮旋转切换至"auto"。

6.注意事项

① 未经培训和许可人员严禁操作设备。

② 机器工作中严禁接触传感器，严禁接触特气管道，严禁关闭阀门。

③ 高温　PECVD 镀膜管一般温度为450℃，浆从炉管出来的时候会非常烫，不要去碰触，防止烫伤。

④ 氢氟酸　对皮肤有强烈的腐蚀作用。灼伤初期皮肤潮红、干燥，创面苍白、坏死，继而呈紫黑色或灰黑色。深部灼伤或处理不当时，可形成难以愈合的深溃疡，损及骨膜和骨质。氢氟酸灼伤疼痛剧烈。眼接触高浓度氢氟酸可引起角膜穿孔。慢性影响：眼和上呼吸道刺激症状，或有鼻衄，嗅觉减退；可有牙齿酸蚀症。

⑤ 硅烷 SiH_4　易燃，易爆，暴露在空气中能自燃。

⑥ 氨气 NH_3　易燃，能与空气混合形成爆炸性气体，如遇明火及高热会燃烧、爆炸。

第五节　PECVD 常见问题及处理方法

PECVD 镀膜工艺过程中容易出现的异常，主要有异常报警、硅片镀膜异常返工和 ARM 故障等。出现这些异常的现象、原因，处理方式如下。

1. 异常报警

报警主要分为三种：高频报警、温度报警、真空报警。

（1）高频报警

引起高频报警的原因有两种：一种是电流过大引起的高频报警；一种是高频发射器温度过高引起的报警。

电流过大引起的高频报警主要分为舟内碎片和管内碎片，如何处理如表 6-5 所示。

表 6-5　电流过大情况处理

现象	原因	处理方法
电流过大	舟内碎片导致石墨舟短路	将舟内碎片取出，使用假片补片，防止漏插造成返工，使用相应工艺进行补镀
	管内碎片将热电偶覆盖，使热电偶感应电流异常	在高频报警的情况下，检查舟内无碎片，可以确定为管内碎片，通知设备部门进行掏管

如果发生高频发射器报警但无电流过大现象发生，舟内无碎片或掉片，处理的方法是通知设备部重启高频发射器，后跟踪舟的情况，确定有无此现象再次发生。

（2）温度报警

反应温度低于 250℃ 或高于 520℃ 时会发生温度报警。处理方法是通知设备部检查冷却水和热电偶的情况。温度报警信号见图 6-21。

图 6-21　温度报警信号

(3) 真空报警

真空报警一般根据不同情况采取相应的处理方式，如表 6-6 所示。

表 6-6 真空报警原因及处理

原因	处理方法
炉管破裂	通知设备技术人员更换新的炉管
炉口处有碎片	通知设备技术人员处理
漏率过大	通知设备技术人员更换限压阀
真空泵异常	通知设备部进行维护

2.报警处理方法

在 CT 电脑上找到发生报警的 CVD 管号和石墨舟舟号以及所用工艺（图 6-22 和图 6-23）。

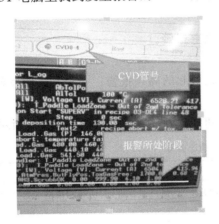

图 6-22 CVD 管号界面

图 6-23 石墨舟舟号界面

PECVD 镀膜分为预处理、一层膜、二层膜 3 个阶段，每个阶段的报警具体处理方法有所不同，如表 6-7 所示。

表 6-7 报警处理方法

异常发生阶段	处理方法
预处理阶段	检查舟内是否有掉片,用正常工艺再次镀膜
一层膜阶段	不管剩余时间是多少,都用舟号建新工艺,将预处理的时间设置为 0s。一层膜剩余多少时间加多少时间
二层膜阶段	剩余时间在 340s 以上连续性高频(多个步骤出现电流过大)加 7~10s,剩余时间在 340s 以上不连续性高频加 5s,剩余时间在 340s 以下用椭偏仪测膜厚再加时间[所需时间＝(81—测得膜厚)×10]

3.整舟返工处理

整舟返工处理包括整舟发白和整舟发黄两种情形。

(1) 整舟发白

整舟发白的处理主要有以下几个步骤。

① 找到舟号和管号，查看工艺记录，看生产工艺是否用错。工艺用错，测膜厚和折射

率与正常值对比，看制绒减薄量和折射率是否有较大的波动，及时向生产部门反映，督促生产部门改进和加强意识，防止再次出错。

② 查看工艺记录，看是否有高频报警发生，工艺停止，石墨舟退出炉管，生产线操作人员未注意，失误地又将高频舟推进管中使用正常工艺再次镀舟，导致整舟发白返工。

③ 查看工艺的每一步参数是否正常，从而确定发白是否由于参数异常导致返工的。如果是因参数变化引起的，通知工程师或相关部门人员调整参数或对设备进行维修。

④ 若都不是，最有可能是拿了其他生产线的片子。

（2）整舟发黄

整舟发黄的处理主要有以下两步。

① 查看工艺记录，看生产工艺是否用错。如果工艺用错，测膜厚和折射率与正常值对比，看制绒减薄量和折射率是否有较大的波动，及时向生产部门反映，督促生产部门改进和加强意识，防止再次出错。看能否补镀，如果可以补镀，则需要先测膜厚再重新补镀[所需时间＝（81－测得膜厚）×10]。

② 查看舟内或管内是否有碎片，并查看工艺运行记录，查看是否有发生电流过大现象后舟未及时退出，继续镀膜的情况。若出现此情况，则需将碎片取出补插硅片，以免造成漏插返工，测膜厚重新补镀。电流过大引起整舟发黄现象如图 6-24（见书前彩页）所示。

4. 粉尘片返工处理

粉尘片的产生原因是因为真空泵异常，导致气体逆流从蝶阀带入灰尘颗粒。粉尘发生在真空泵时，会出现异常停止、重新启动或重开机首舟。处理方法是立即通知设备管理人员，将设备锁管，用氮气对炉管进行吹扫，后续进行跟踪是否还有粉尘产生。

5. 吸盘印处理

吸盘印产生的原因是插片机和取片机的吸盘使用时间过长，对硅片产生污染，造成电池片效率降级。处理方法是对吸盘进行定期的擦拭。虽然定期擦拭能有效阻止吸盘印的产生，但不能完全杜绝，如果工作人员用酒精擦拭过吸盘后未用气枪吹扫吸盘，或者打扫机台卫生时用气枪吹扫插片机内的碎片后未对吸盘进行擦拭，都会造成吸盘印脏污。此类吸盘印脏污主要为插片机吸盘脏污。吸盘脏污肉眼看不见（图 6-25），用电脑扫描为可见（图 6-26）。

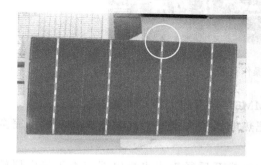
图 6-25　肉眼观察有吸盘印的电池片

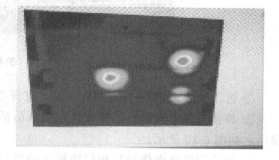
图 6-26　电脑扫描有吸盘印的电池片

6. ARM 故障分析及处理

PECVD 设备中机械臂（ARM）常见故障有 ARM 移动失位、ARM 无动作、机械臂无法上下运动、石墨舟退舟失败等。原因及解决方法如表 6-8 所示。

表 6-8   ARM 常见故障分析及处理

故障表现	故障原因	解决方法
ARM 移动失位	ARM 电机控制模块 RDC2 接触不良	检查模块和 ARM 电机间的连接，必要时更换控制模块
	ARM 电机故障或编码器异常	更换 ARM 电机和编码器
	位置传感器损坏或定位不合理	调整或更换位置传感器
当 ARM 两个抓手从 Paddle 到 storage 的过程中突然停止	传感器（to storage）失位	检查数据线或传感器状态
机械臂无法上下运动	传感器（to spaddle）失位	检查数据线或传感器状态
石墨舟发生退舟失败	LIFT PLC 故障	重新恢复 PLC
	LIFT 数据丢失	参照备份数据进行手动恢复
	机械位置传感器没有感应到挡块	拆开机械臂外罩，根据实际情况调整机械臂软件数据或硬件位置

7. 热电偶套管损坏处理

热电偶损坏后会造成无法加热，其主要原因是热电偶套管破损，主要解决方法是更换热电偶套管。具体实施过程如下。

① 确认炉管处于 Standby 状态，保证管内无舟并且不在工艺状态后，进行手动降温至 100℃ 以下。拔下 TMM6（温度放大器）24V 电源，如图 6-27 和图 6-28 所示。

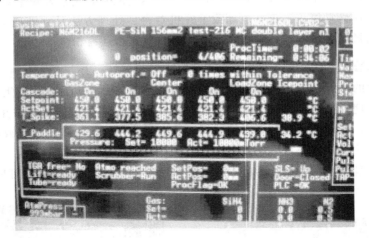

图 6-27   炉管操作页面

② 拧下图 6-29 所示位置螺钉 4 颗，打开 TMM6（温度放大器）外壳。

③ 将弹簧固定点后拉，将线从左侧拿出后把热电偶接头拔下，此时热电偶末端可完全移动。如图 6-30 所示。

④ 到后门将热电偶与后炉门连接头逆时针旋转松开后径直拔出热电偶（由于热电偶较长，需两人合作）。炉门连接头如图 6-31 所示。

⑤ 将破损石英套管去除后（注意留下两个蓝色橡皮圈），用酒精擦拭干净，如图 6-32 所示。

⑥ 取新石英套管从热电偶头部套入，根部套上 2 个橡皮圈，径直塞入银白色尾管底部

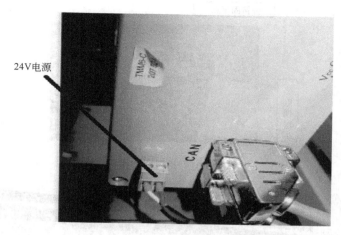

24V电源

图 6-28 TMM6 温度放大器

图 6-29 TMM6 外壳

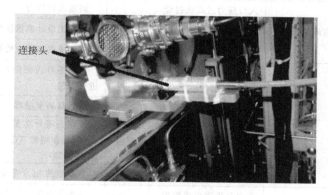

连接头

图 6-30 热电偶接头

（保证 2 个橡皮圈在尾管内）。

⑦ 由以上步骤新的带套管热电偶已经做好，按拆卸步骤逆反操作即可安装回去。装好

图 6-31   炉门连接图

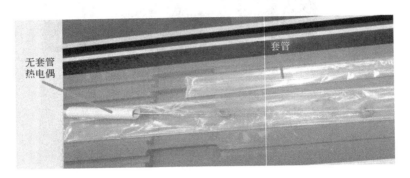

图 6-32   石英套管

后登录 CESAR，升温，做保压测试，无问题后可正常使用。

8.冷却水流量及其他故障处理

冷却水流量及其他故障处理如表 6-9 所示。

表 6-9   冷却水流量及其他故障处理

故障表现	原因	解决方法
PECVD冷却水的流量偏高或偏低	入口压力过高或过低	调整入口压力
	设备内部管路有堵塞	清理或更换相应管路
真空泵冷却水的流量偏高或偏低	入口压力过高或过低	调整入口压力
	设备的流量计有污染	清理流量计或重新校准
	设备内部管路有堵塞	清理或更换相应管路
高频导致工艺失败	石墨舟内有碎片未及时取出	将石墨舟内的碎片取出，经工艺确认继续进行工艺
	高频发射器卡死	重启高频发射器
石墨舟发生退舟失败	TGA 传感器检测数值异常报警	观察石墨舟在桨上的位置是否异常，如不是，则重新调整 TGA 传感器的反射角度或重新校准 TGA
	SLS 开关动作不能及时完成	更换新的 SLS 开关
硅片表面出现粉尘	真空泵管道出现粉尘	清理真空泵上的连接管道

第六节 制定 PECVD 镀膜作业指导书

根据 PECVD 镀膜工艺操作流程，由学生负责制定 PECVD 镀膜作业指导书。作业指导书的形式如表 6-10 所示。

表 6-10 PECVD 镀膜（单晶、多晶）作业指导书

公司生产车间名称	文件名称：PECVD 镀膜（单晶、多晶）作业指导书	版本：A	
	文件编号：	修订：	
	文件类型：工作文件	撰写人：	第 * 页 共 * 页

1. 目的
2. 适用范围
3. 职责
4. 主要原材料及半成品
5. 主要仪器设备及工具
6. 工艺技术要求
7. 操作规程
8. 工艺卫生要求
9. 注意事项

小结

镀膜工艺是电池片制备工艺中很重要的一步，薄膜可以起到增加对光的吸收作用。另外，镀膜的时候氢原子还可以起到钝化作用，提高光伏电池效率。

单晶硅、多晶硅镀膜工艺主要用的是 PECVD 方法，通过辉光放电产生等离子体，可降低反应温度，最终在硅片表面沉积一层氮化硅减反射膜。

思考题

1. 氮化硅减反射膜的作用有哪些？
2. 简述 PECVD 镀膜的原理。
3. 简述 PECVD 镀膜的操作工艺流程。设备如何操作与维护？
4. 镀膜过程中有哪些影响因素？如何改进？

丝网印刷工艺

【学习目标】

① 掌握丝网印刷的目的与原理。

② 掌握丝网印刷的工艺操作流程。

③ 熟悉丝网印刷的工艺参数设置。

④ 掌握丝网印刷设备的维护工艺。

⑤ 熟悉丝网印刷工艺中常见的问题及解决方法。

⑥ 能够独自制定工艺指导书。

第一节　丝网印刷的目的与原理

1. 丝网印刷目的

将金属导体浆料按照所设计的图形，通过刮条挤压漏印在 PECVD 镀膜后合格的硅片正面、背面。

2. 丝网印刷原理

光伏电池的印刷电极是光伏电池制造的重要工艺之一，它质量的好坏，直接影响到光伏电池的性能。最早是采用真空蒸镀或化学电镀技术制作，现今普遍采用的是丝网印刷工艺。丝网印刷本身是一项传统的工艺技术，自 20 世纪 70 年代就得到了广泛的应用，其对设备要求低，且对降低生产成本有着明显的优势。采用丝网印刷工艺可进行大规模生产和缩短生产周期，还可以降低工业污染，避免光刻和腐蚀等废料较多的工艺，因此该技术也广泛应用于光伏电池的生产工艺中。

光伏电池的印刷是在硅片的正面和背面制造非常精细的电极，电极将光生载流子导出。制备金属电极由丝网印刷技术来完成——将含有金属的导电浆料透过丝网网孔，压印在硅片上形成电极。典型的晶硅电池印刷生产工艺流程中，需要进行多次丝网印刷步骤。目前国内主要有两种印刷方法：一种是先在背面印刷母线，再印刷铝背场，随后印刷正面电极；另外一种是先印刷正面电极，再印刷母线，最后印刷铝背场。

丝网印刷由五大要素构成：工作台、丝网、刮刀、浆料以及基片。丝网印刷是通过特殊

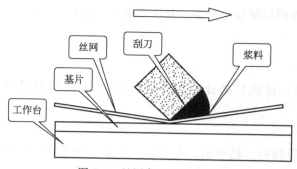

图 7-1　丝网印刷原理示意图

的印刷机和带有图像或图案的丝网模板将银浆、铝浆印刷在光伏电池的正、背面，以形成正、负电极引线，再经过后续的烧结，最终制得光伏电池。丝网通常由尼龙、聚酯、丝绸或金属网制作而成。当基片直接放在带有模板的丝网下面时，丝网印刷油墨或涂料在刮刀的挤压下，从图形部分的网孔中间挤压到基片上，由于浆料的黏性作用而使印迹固

定在一定范围之内。印刷过程中刮板始终与丝网模板和基片呈线接触，接触线随刮刀移动而移动。由于丝网与基片之间保持一定的间隙，使得印刷时的丝网通过自身的张力而产生对刮板的反作用力，这个反作用力称为回弹力。由于回弹力的作用，使丝网与基片只呈移动式线接触，而丝网的其他部分与基片为脱离状态，保证印刷尺寸精度和避免蹭脏基片。当刮板刮过整个印刷区域后抬起，同时丝网也脱离基片，工作台返回到上料位置。至此为一个印刷行程。印刷原理如图 7-1 所示。

多年来，光伏电池丝网印刷设备在精度和自动化方面有了很大进步，具备了在微米级尺寸上重复进行多次印刷的能力。这一发展开创了全新的应用，如双重印刷和选择性发射极金属镀膜。Baccini 公司在 20 世纪 70 年代在微电子领域开发了丝网印刷技术，并在 20 世纪 80 年代将这一技术扩展到太阳能金属镀膜领域。通过人们对丝网印刷工艺的改进，使该工艺水平大幅度地提高，可以将栅线宽度降到 50mm 左右，膜厚提高到 20mm 左右，通过对浆料的改进，使电池性能参数得到明显的改善。

第二节　丝网印刷工艺流程

印刷过程从硅片放置到印刷台上开始。非常精细的印刷丝网固定在网框上，放置在硅片上方，丝网封闭了某些区域而其他区域保持开放（图 7-2），以便导电浆料能够通过。硅片和丝网的距离要严格地控制（称为印刷间隙）。由于正面需要更加纤细的金属线，因此用于

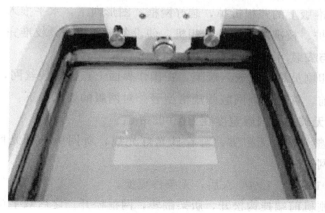

图 7-2　印刷丝网上打开和闭合的区域

正面印刷的丝网，其网格通常比用于背面印刷的要细小得多。具体印刷工艺流程如下。

1.准备工作

（1）材料准备

丝网印刷中的材料主要有银浆、铝浆、镀膜后的硅片，本项目以125mm单晶硅片、156mm多晶硅为例。

（2）仪器设备及工具

丝网印刷中常用的设备及仪器主要有印刷机、烘干机、电子秤、网版、无尘纸、铲刀、刮条、浆料搅拌机、上料承载盒。

（3）工艺质量要求

对于单晶、多晶丝网印刷，背面场、背电极、前电极具有不同的工艺质量要求，具体情况如下。

① 单晶电池主栅线宽为1.5mm，细栅小于$140\mu m$，电极厚度大于10mm，背电场湿重0.8～1g，背电极湿重0.06～0.08g，正电极湿重0.18～0.22g。

② 多晶电池主栅线宽为2mm，细栅小于$140\mu m$，电极厚度大于10mm，背电场湿重1.3～1.5g，背电极湿重0.08～0.1g，正电极湿重0.22～0.28g。

2.生产流程

（1）开机

① 印刷员给设备送电、通气，检查电、气等是否正常，打开设备并运行软件，检查丝网印刷机，对网带和工作台面进行清洁，进入工艺运行状态。

② 戴上口罩和干净的橡胶手套，准备印刷。

（2）工作台面准备

印刷125mm单晶和156mm多晶规格硅片时，注意工作台型号要与之对应，印刷员针对不同尺寸的硅片选择不同的工作台面。更换工作台面后需要校准相机。

（3）校准

① 印刷员在维护、机器设定、工程师设定中选择正确的硅片尺寸。

② 印刷员拆下工作台并清洁摄像头。

③ 印刷员将校准版上的盖板拆掉，装好网框，图形向下，水平推入。

④ 印刷员在维护、校准中点击校准相机，使设备自动校正，校准完毕后取出校准版。

（4）网版检验与安装

校准完毕后，印刷员将网版放入版架，在操作界面上点击安装丝网，并填写网版更换记录。在网版上机之前，首先检查网版的规格型号。对网版的要求如下：

① 检查网布有无破损，网版宽度在±0.005mm；

② 网版表面平整光洁、无褶皱，对着日光灯光线，看网版未曝光区透光性是否良好，检查是否有颗粒塞网；

③ 网版在印刷15000～20000次后，无条件更换。

网版安装　印刷机前端挂钩松开，版架翻转，网框松开。之后双手持合格网版，由工作台平行推入版架，网框锁紧即可。

（5）搅拌浆料

① 银铝浆搅拌　搅拌必须在滚筒式搅拌机上进行，滚动速度40r/min。新开浆料搅拌时间在4h以上，使用时，用上料刀往上撩起，浆料自然往下流动，判定搅拌合格。符合以上要求，才能上机使用。

② 背面铝浆搅拌　铝浆搅拌必须在电动式搅拌机上搅拌。搅拌时，打开瓶盖，搅拌速度控制在60r/min，新开浆料搅拌时间在20～30min即可。使用时，用上料刀往上撩起，浆料自然往下流动，判定搅拌合格。符合以上要求，才能上机使用。长时间不用的浆料导致变稠要重新搅拌。

③ 正面银浆搅拌　搅拌必须在滚筒式搅拌机上进行，滚动速度40r/min，新开浆料搅拌时间在12h以上，用上料刀往上撩起，浆料自然往下流动，判定搅拌合格，才能上机使用。使用前再手工搅拌5min。在使用的浆料瓶盖需随时保持密封状态，长时间不用的浆料应重新搅拌。

更换浆料类别需填写"浆料更换记录表"。

（6）装片

插片员戴洁净乳胶手套，从花篮中逐片取出硅片，并插入下面垫了泡沫垫的上料承载盒中，注意正面朝下（图7-3）。当上料台有空的上料承载盒时，将空盒拿出并小心放入插满了硅片的上料承载盒以待印刷（图7-4）。

图7-3　装片

图7-4　上料

注意　装片期间，注意轻拿轻放，减少片子间的摩擦，以免磨损绒面和损坏硅片。插完后检查是否插双片，是否错位插片。

（7）上浆料

印刷员将印刷机前端挂钩松开，版架翻转，瓶口倾斜45°，置于网版之上。用上料刀将合格并搅拌好的正确类型的浆料向上撩起并使之流入网版，每隔几分钟将丝网图形以外的浆料用上料刀铲到中间，用上料刀小心将浆料抹平。遇到边缘上变干发白的浆料，印刷员要用上料刀及时清理。手动状态下将印刷头开到最后，刮板下降后印刷头向前，即可将浆料抹均匀。

（8）工艺参数设定

根据"光伏电池工艺参数表单"设定各印刷头工艺参数。

(9) 印刷

每块光伏电池的正面和背面都有通过丝网印刷淀积的导线,它们的功能是不同的,正面的线路比背面的更细。有些制造商会先印刷背面的导电线,然后将硅片翻过来再印刷正面的线路,从而最大程度地降低在加工过程中可能产生的损坏。在正面(面向太阳的一面),大多数晶体硅电池的设计都采用非常精细的电路("手指线"),把有效区域采集到的光生电子传递到更大的采集导线——"母线"上,接着再传递到组件的电路系统中。正面的手指线要比背面的线路细得多(窄到 $80\mu m$)。正因为如此,正面的印刷步骤需要更高的精度和准确性。国内有两种印刷工艺:一种是先印刷正面电极,随后印刷背面母线、背电场;另外一种是先印刷母线,再印刷背电场,最后印刷正面电极。下面讲解的是正面电极最后印刷。

印刷工艺中,把适量的浆料放置于丝网之上,用刮刀涂抹浆料,使其均匀填充于网孔之中。刮刀在移动的过程中把浆料通过丝网网孔挤压到硅片上,如图7-5所示。具体印刷分为三步进行:第一步为背电极印刷及烘干,浆料为银铝浆;第二步为背电场印刷及烘干,浆料为铝浆;第三步为正面电极印刷及烘干,浆料为银浆。这一过程的温度、压力、速度和其他变量都必须严格控制。

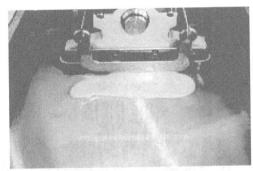

图 7-5 印刷工艺示意图

① 背面印刷 硅片背面和正面的印刷要求是不同的,但技术上也不那么严格。背面印刷的第一步工序是印刷背电极——母线(图7-6),主要用于和外部电路系统相连接。背面印刷的第二步是在背面淀积一层以铝为基础的导电材料,导电材料能够将没有捕捉到的光反射回电池上。这一层也能"钝化"光伏电池,封闭多余分子路径,避免流动电子被这些空隙所捕捉。

具体印刷工艺流程如下。

第一步 首先准备上背电极网版,上背面银浆,上刮刀,用合格的成品电池片对位置,使电池的背电极与网版图形完全吻合,开始印刷背电极。印刷好的背电极硅片传送到网带上,网带频率40Hz,进行200℃烘干(印刷后如图7-6所示),传送到第二步。

第二步 准备铝背场网版,上铝浆,上刮刀,用合格的成品电池对位置,使电池的背电场与网版图形完全吻合,开始印刷铝背场。将印刷好的铝背场硅片传送到网带上,网带速度800mm/min,进行200℃烘干,传送到第三步。

② 正面印刷

第三步 准备上正电极网版,上正面银浆,上刮刀,用合格的成品电池对位置,使电池

图 7-6　背面母线印刷

的正电极图形和网版图形完全吻合，开始印刷正电极。将印刷好正电极的硅片传送到烧结炉进行烧结，如图 7-7 所示。

图 7-7　印刷烧结完毕的正电极

丝网印刷机自动运行，进行印刷和烘干，如发生故障，印刷员立即停止机器运作。生产人员负责产品生产全过程中的自检、互检，对于印刷不良的硅片，在进烧结炉之前取出，清洗干净以待返工。

3. 自检要求

① 丝印时，印刷员须时刻监督每片电池的印刷质量，发现有污染、漏浆、断线、偏移等印刷不良时，须在"光伏电池工艺参数表单"要求的范围内调节印刷头，待印刷好后方可继续生产。若无法解决，立即上报。

② 出现印刷不良后，印刷员需及时用乙酸乙酯擦拭干净网版和工作台面。

③ 印刷中出现图形偏移、漏浆、主副栅线断线、浆料污染、背场缺失等，均为印刷不良。

4. 工艺卫生要求

① 在机台未进行生产时，印刷员需将浆料及时回收到浆料瓶中。超过 5min 待机需擦拭网版。

② 每道机台每批由印刷员测量 2 片浆料重量。

③ 任何人不准用手触摸网带，其他杂物等不得与网带接触。每班上班之前用无尘纸蘸少许乙酸乙酯对网带进行擦拭，使网带表面洁净、无污物。

④ 严禁3个印刷头所用装夹工具等交叉使用。

5. 注意事项

① 由于印刷机的大多数部件存在机械摩擦，印刷员要经常给机器上润滑油，保证机器正常工作。

② 如果有临时停电通知，工序长应在30min之前关闭印刷机，以免突然停电，对印刷机部件产生影响。

③ 若长时间不用，印刷员应关闭印刷机，将主电源关闭。

④ 在正常生产运行过程中，设备出现任何异常或报警，工序长应及时通知设备、工艺、品质人员，生产需留守1人观察，但禁止操作。

6. 印刷工艺改进措施

如今晶硅光伏电池的平均转化效率是16%，业界的发展目标是将转化效率提高到20%以上，丝网印刷设备能够提供多种方法帮助实现这一目标。实现更高的转化效率可以从以下两个方面入手：电池工艺（创造出能够将光能转化为电能的有效区域）和金属镀膜（形成导电金属线）。具体措施如下。

(1) 双重印刷

电池正面导电线路的一个负面效应是阴影，导线阻挡了少量阳光，使其无法进入电池的有效区域，从而降低了转化效率，如图7-8所示。为了将这种阴影效应降到最低，导线必须尽可能做到最窄。然而，为了保持足够的导电性，线条的高度必须增加，这样才能保持同样的横截面积。实现更细、更高导线横截面的解决方案就是将多条导线重叠印刷，这就意味着丝网印刷机必须能够高准确度、高重复性地印刷非常细小的线条——当前的标准线条小到$80\mu m$，相当于人类一根头发丝的平均厚度。

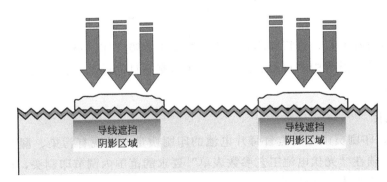

图7-8 导线阻挡光线，使其无法到达电池有效区域

现在大多数导线烧结后的尺寸是宽$110\sim120\mu m$，高$12\sim15\mu m$。这样尺寸的线条由于阴影效应带来的转化效率损失大约为1.29%。要减少这一损耗，导线宽度必须降低；同时，需要增加导线横截面的高度，以此优化导电性能。如图7-9所示，导线横截面尺寸从$110\mu m$宽/$12\mu m$高转变为$80\mu m$宽/$30\mu m$高之后，潜在的转化效率绝对增益为0.5%。

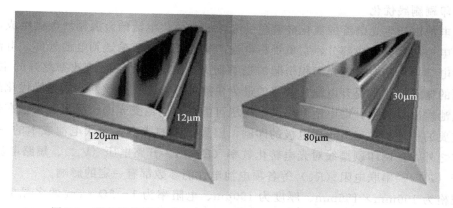

图7-9　降低线条宽度减少了有效区域的阴影（提高潜在转化效率）

应用材料公司 Baccini 的双重印刷是用两台不同的印刷机，将两种材料进行重叠印刷。这一最新的工艺在实际生产环境下实现了 $80\mu m$ 宽、平均 $30\mu m$ 高的导线横截面尺寸。这种方法减少了大约 20% 的阴影损失，相应地也降低了电阻系数。通过在现有生产线上增加一台额外的丝网印刷机和烘干炉，就能非常方便地以一种具有成本效益的方式实现多次印刷工艺。

导线双重印刷（和其他的先进印刷应用）最关键的一点在于对准精度，因为第二层印刷物必须非常精准地置于第一层之上。应用材料公司 Baccini 的最新研发成果，使第二层印刷物的对齐精度达到 $\pm 15\mu m$。这一技术采用了新型的高分辨率照相机和新的软件算法，具有自动调整程序，并可以在印刷初始阶段进行额外控制。此外，浆料配方和丝网设计必须经过仔细的共同优化，从而最大限度地实现丝网印刷的硬件和工艺效能。

（2）选择性发射极

另外一个新兴的应用是选择性发射极技术——在丝网印刷的金属线下精确地制造一个重度掺杂的 n^+ 区域，以便进一步降低接触电阻，从而实现转化效率的提高（图7-10）。

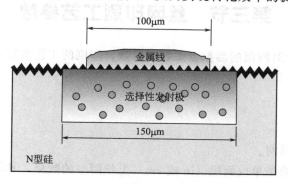

图7-10　金属线下的重度掺杂区域

制作这些发射极区域有几种技术，每一种都要求高精度和高重复性的多重印刷步骤。此外，发射极区域必须略宽于上方的金属线。对于 $100\mu m$ 宽的金属线来说，最优化的发射极区域宽度为 $150\mu m$ 左右。很关键的一点是后续的金属线必须非常精确地直接放置在发射极区域之上，否则，就会失去它的效率优势。应用材料公司 Baccini 的丝网印刷技术，在成熟度、对准精度、低成本和高速度方面都具有优势，是实现这种电池工艺的理想选择。

（3）印刷删线优化

光伏电池由产生光电流的氮化硅蓝色受光区域与收集电流的金属栅线电极组成，正面电极栅线为电池的重要组成部分，它负责将电池产生的光生电流输送到电池外部。电池串联电阻引起的电学损失和电极遮光面积引起的光学损失，是制约光伏电池效率提升的主要因素。丝网印刷的栅线优化是提升电池片效率的最为快捷的方法之一。丝网印刷栅线优化的主要原则是使电池输出最大化，即电池的串联电阻尽可能小，电池受光面积尽可能大。在丝网印刷中最为重要的一环是第三道正面电极的印刷，因为银浆的成本占光伏电池成本的一半以上，除了成本之外，丝网印刷栅线对光电转化效率（ETA）、开路电压（V_{oc}）、短路电流（I_{sc}）、填充因子（FF）、串联电阻（R_S）等各项电池电性能参数都有一定的影响。

对规格为 156mm×156mm、厚度为 190μm、电阻率为 1～3Ω·cm 的多晶电池片，在扩散方阻相同的情况下，针对丝网网版主栅数量进行更改设计，使用的实验网版的主栅数量设计为 3 根、4 根、5 根，为了试验具有对比性，这三次实验都在同一条迈维线进行。五主栅光伏电池栅线高度为 17.21μm，宽度为 44.55μm，计算的高宽比 38.63%，四主栅光伏电池栅线高度为 16.58μm，宽度为 46.31μm，计算的高宽比为 35.9%，三主栅光伏电池栅线高度为 14.54μm，高度为 47.69μm，经计算高宽比为 30.4%。

通过测试三种电池的电性能发现，开路电压并没有因为栅线的增加而明显改变，短路电流因为栅线数量的增加而增大，能量转换效率因为栅线的增加而增大，三主栅电池的效率为 15.68%，四主栅电池的效率为 18.86%，五主栅电池的效率为 19.58%。

综合实验数据，得出五主栅网版的效率最高，当然这个结论并不是说明主栅越多越好，在优化主栅时必须要考虑栅线电极对电池的遮挡面积。短路电流随着主栅线的增加而增加，这是因为虽然主栅数量增加，但其宽度减小，遮光面积并没有明显的变化趋势，湿重也没有没明显的变化。随着主栅数量的增加串联电阻减小，使得电池效率增加。

第三节　丝网印刷工艺参数

丝网印刷过程中，对网版的参数、浆料的参数、印刷的工艺参数要求非常严格。具体要求如下。

1. 丝网

（1）背电极丝网

① 材料：不锈钢丝网。

② 目数：目数指的是单位面积（in 或 cm）上丝网空的数量，具体要求为 280 目。

③ 丝直径：46～53μm。

④ 丝网厚度：82～90μm。

⑤ 膜厚：15μm。

⑥ 静态张力：25N。

注意　在印刷图形完好时，印刷头压力应在范围内尽可能地小。

（2）背面场丝网

① 丝网材料：不锈钢丝网。

② 目数：320目。

③ 丝直径：23～28μm。

④ 丝网厚度：46μm。

⑤ 膜厚：15μm。

⑥ 膜和丝网总厚度：60～63μm。

背电极与背面场印刷如图7-11所示。

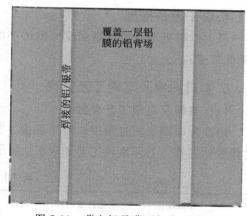

图7-11　背电极及背面场印刷图示

2.背面图形分析

不同的网版，有不同的背电极形成，具体图案如下。

① 长条形（图7-12）　长条形的背电极浪费银铝浆，不过当电池片出现碎片后，可以将电池片顺利地划成碎片。

② 点阵形（图7-13）　点阵形背电极可以大大节省银铝浆，降低成本，不过一旦电池片出现碎片后，断成小片，电池片的利用率将大大降低。

图7-12　长条形背电极

图7-13　点阵形背电极

③ 新形背电极（图7-14）　此类背电极能与铝背场形成良好的欧姆接触，铝浆料和银浆料有细栅线的重叠部分，这样可以大大提高效率和填充因子。但是铝浆与银铝浆的重叠部分，在显微镜下观察两者重叠部分严重发黑，即大量的有机溶剂没有充分挥发，这样就严重影响电池效率和填充因子，需要尽量减少重叠部分。

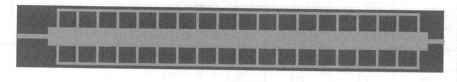

图7-14　新形背电极

3.印刷改进措施

① 希望增厚　增大刮板压力，减小印刷速度，减小反料速度，增大刮板高度，增大脱离速度。

② 希望线条印细　减小刮板压力，增大印刷速度，增大脱离速度。

③ 希望图形线条清晰　增大脱离高度。

4. 烘干改进措施

希望烘得更干，可增高温度（整体都增高或者高温区及附近几个区都增高）、延长时间（降低带速）。

5. 浆料搅拌及印刷工艺参数

(1) 浆料及电极工艺参数

电池片印刷工艺过程中，对于正面、背面不同的材料采用不同的浆料，浆料需要进行一定程度的搅拌。具体浆料工艺如表7-1所示。

表7-1　浆料工艺参数

参数设置 浆料类型	恒温放置时间 /h	搅拌机类型	搅拌时间/h	
			未加稀释剂	添加稀释剂
银-铝浆	24	卧式搅拌机	2	5
银浆	24	卧式搅拌机	2	5
铝浆	24	立式搅拌机	2	5
允许范围	24～48	—	2～5	5～24

背电极的印刷过程中，印刷的速度、刮板压力等因素对背电极的影响非常大。背电极的工艺参数如表7-2所示。

表7-2　背电极工艺参数

项目	印刷速度 /(mm/s)	反料速度 /(mm/s)	脱离高度 /mm	刮板压力 /N	脱离速度 /(mm/s)	刮板高度 /mm
参数设置	200	300	0.6	45	35	2.3
允许范围	100～250	250～350	0.5～2.5	35～60	30～200	0.3～2.5

背电极印刷结束，要对印刷的银铝浆进行烘干处理。烘干的工艺参数如表7-3所示。

表7-3　烘干工艺参数

温区	温区1℃	温区2℃	温区3℃	温区4℃	温区5℃	温区6℃	温区7℃	带 /(in/min)
参数设置	100	200	250	250	250	280	280	30
允许范围	80～120	120～220	180～250	220～280	220～280	250～300	250～300	
温区	温区8℃	温区9℃	温区10℃	温区11℃	温区12℃	温区13℃		25～40
参数设置	280	250	250	200	170	145		
允许范围	220～300	180～250	150～250	120～220	100～200	100～150		

背电极印刷完毕，要进行背面场的印刷工艺。背面场印刷工艺参数如表7-4所示。

表7-4　背面场印刷工艺参数

项目	印刷速度 /(mm/s)	反料速度 /(mm/s)	脱离高度 /mm	刮板压力 /N	脱离速度 /(mm/s)	刮板高度 /mm
参数设置	200	300	1.95	70	35	1.7
允许范围	150～250	250～350	0.8～2.5	35～80	35～250	0.3～2.5

背面场印刷完毕，要对印刷的铝浆进行烘干处理。烘干的工艺参数如表7-5所示。

表7-5 背面场烘干工艺

项目	温区 A/℃	温区 B/℃	温区 C/℃	温区 D/℃	全程时间/min
参数设置	140	140	160	160	12
允许范围	100～170	100～170	150～200	150～200	7～13

背电极、背面场印刷完毕后，要进行前电极的印刷。印刷工艺参数如表7-6所示。

表7-6 前电极印刷工艺参数

项目	印刷速度 /(mm/s)	反料速度 /(mm/s)	脱离高度 /mm	刮板压力 /N	脱离速度 /mm	刮板高度 /(mm/s)
参数设置	250	300	1.7	40	0.6	200
允许范围	150～260	250～350	0.8～2.5	32～55	0.3～250	30～250

前电极印刷完毕，进入到烘干、烧结工艺流程。

上述参数会根据浆料的黏稠度、网版性能、背面场印刷量做出适当调整。影响所印电极厚度的因素有丝网目数、网线直径、开孔率、乳胶层厚度、印刷头压力、印刷头硬度、印刷速度及浆料黏度。对于银浆印刷，印刷速度加大，过墨量减小；对于铝浆，印刷速度加大，过墨量加大。

（2）距离及压力工艺参数

① Snap off（网版与台面的距离） 以台面为零点，向上为负，故 Snap off 为负值。一般情况下为−1500。在印刷过程中，浆料在网版上方，刮刀以一定的压力压在网版上，使网版变形接触在硅片表面。浆料经过挤压接触到硅片表面，硅片表面吸附力较大，将浆料从网孔中抢夺出来。此时，刮刀在运行中，先前变形的网版在回复力的作用下很好地回弹，从而使浆料顺利地落在硅片表面。

台面距离过小 网版变形小，回弹不迅速彻底，将出现浆料拔丝或粘片。

台面距离过大 压力偏小，网版接触不到硅片，导致印残或印不上。

② Down stop（刮刀压下后，刮条底端与网版的距离） 以网版为零点，向下为负，故 Down stop 为负值，一般值为−1300

　　刮刀与硅片的距离 = Snap off 绝对值 − Down stop 的绝对值 − 硅片的厚度

③ Pressure（刮刀对网版的压力） 压力与印刷量、印刷效果以及网版使用寿命有密切关系，相当重要，一般推荐值为65N。

（3）浆料的回转（图7-15）

在印刷过程中刮刀与网版接触一侧的浆料会发生回转。回旋相当于对浆料进行最终的搅拌，将会使浆料表面黏度均一。具体回转工艺参数视情况而定。

（4）浆料填充

印刷过程中，浆料印刷到基底材料上，浆料的填充是至关重要的一步。具体浆料填充过程如图7-16所示。填充力对浆料的填充有着直接的影响。

① 填充力是指驱动浆料填充丝网网孔的力，由刮条角度、印刷速度和印刷压力决定。填充力可以影响印刷解像性，即印残、虚印的问题。刮条角度越小，印刷压力越大，填充力就越大；印刷速度越快，浆料受到刮条的力就越大，所以填充力也就越大。

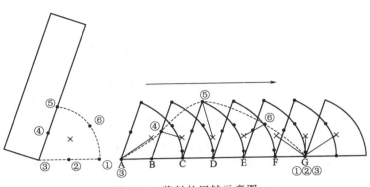

图 7-15　浆料的回转示意图

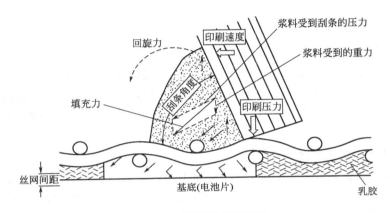

图 7-16　浆料填充过程图

　　填充力将会影响印刷解像性，与印刷高度没有直接关系。

　　② 过墨量是指单位面积上的印刷量。过墨量是由膜厚决定的。受印刷压力的影响，膜厚越厚，压力越小，过墨量越大，但是填充力与过墨量没有直接联系。

(5) 离版过程

　　填充和离版是短时间内连续发生的机械操作（图 7-17）。在离版过程中，有很多因素会影响印刷质量。

　　① 离版过慢的问题　如果网版张力过低，浆料的黏度过高，就会出现离版速度赶不上印刷速度的现象，就会在刮刀前部产生圆弧状纹路。

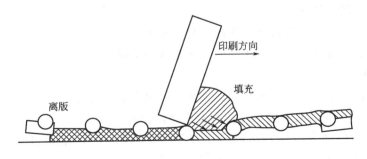

图 7-17　离版与填充过程示意图

② 离版稳定过程　刚离版时，浆料受到丝网交点的影响，表面会残留网纹。离版稳定过程会经历两个时期：第一个是缓和时期，离版时速度会瞬间变得很快，浆料的黏弹性会降低；第二个是恢复时期，因离版后的速度几乎为 0，浆料的黏弹性会上升。在这两个过程中，黏弹性恢复得太快就会留下网纹。

网版的稳定性会根据基板表面的吸水（油）性而变化，稳定过程主要是根据浆料的表面张力来稳定或保持形状的。刚离版时，浆料由于受丝网的交点部和开口部的影响，表面会出现凹凸的状态，因为丝网厚度薄，印刷厚度也会薄，基板对于浆料表面的引力会变大，稳定性会变差。浆料的表面张力、承印物的附着力和浆料的黏弹性之间的平稳度会有一个稳定的过程。表面张力、黏弹性、附着力如图 7-18 所示。

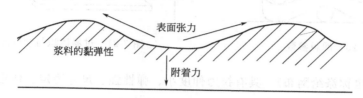

图 7-18　表面张力、黏弹性、附着力作用示意图

6. 网版选取

(1) 网版形状

网版上白色区域即为不锈钢丝网，而蓝色区域则为覆盖了感光胶的地方。印刷时，浆料可以从白色区域透过，形成印刷图形。图 7-19 为目前生产线上正在使用的网版的细栅线显微镜下的图像，细栅线的宽度为 90μm。

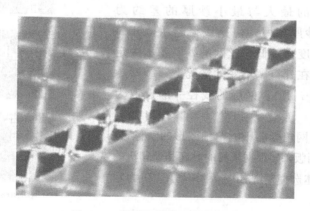

图 7-19　网版细栅线显微镜图像

(2) 网版参数

网版参数涉及丝网直径、网孔面积、丝网开度、丝网面积等因素，具体情况如图 7-20 所示。

① 网布型号　不同的网布具有各自的优缺点，分别表现如下。

不锈钢网布　具有网版张力较大、解像性好的特点，尺寸精度稳定，但是网版张力容易下降，使用寿命短。

尼龙网布（也称锦纶网布）　具有回弹性，通墨性好，缺点是耐酸性稍差，伸长率较大，图像容易失真。

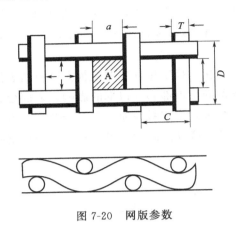

图 7-20　网版参数

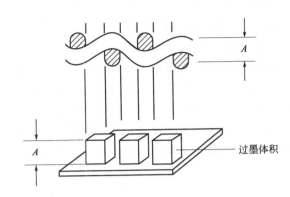

图 7-21　过墨体积与纱厚的关系

聚酯网布（也称涤纶网布）　具有拉力伸度小、弹性强、尺寸稳定、使用时间长的优点，但过墨性稍差。

② 网布目数　网布目数是指是每平方厘米丝网所具有的网孔数目，目数越高，网孔越小，解像性越高，图像清晰，但是过墨量越低，印刷越困难。网布的目数一般为 250～325 目。

③ 线径　线径粗细决定了纱厚，进而决定了过墨量。标准平织网的纱厚约是线径的 2 倍；3D 网的纱厚约是线径的 3 倍；砸压丝网纱厚可做到同线径厚度；同一线径丝网的最大与最小纱厚的差约为 300%。线径越粗，纱厚越厚；但是线径越粗，开口率越低。一般印刷厚度会降低。丝网的纱厚基本决定了过墨体积的高度，在开口率不变的情况下，纱厚越厚，过墨量越高（图 7-21）。网版的线径一般选取为 23～30μm。

④ 张网角度　张网角度会影响精细图形的解像性。使用多大张网角度的网版，要根据浆料的黏度和丝印机的印刷效果来决定。具体选择情况如图 7-22 所示，最为常用的是张网角度为 45°。

⑤ 张力　网版张力越大，网布变形后的回复力就越大，网布离版越迅速，不易出现拉毛等印刷问题。但是网版张力越大，网版使用寿命越低，容易爆版。常用

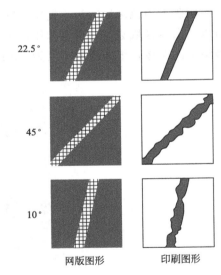

图 7-22　张网角度与印刷效果之间的关系

的网版张力为 28N 左右。但是随着使用时间的加长，丝网中的一些线会出现崩断和抽丝现象，乳胶膜会变薄，网版张力就会下降。使用前后的网版如图 7-23 所示。

⑥ 正电极网版线宽　光伏电池的正电极需要较高的解像性，栅线要细，栅线高度要更高，要容易印刷。线宽越宽，印刷解像性越好；但是线宽越宽，印刷的栅线宽度就越宽，正电极所遮盖的电池表面的面积就越大，影响短路电流的收集。线宽越细，浆料越难印刷，不

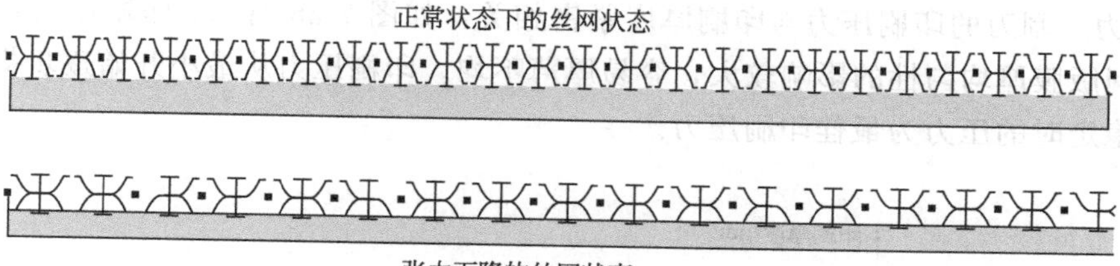

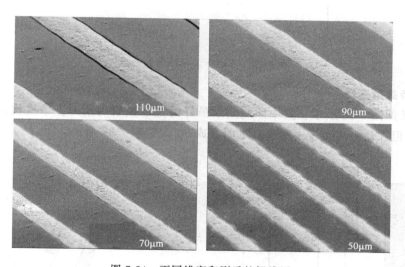

正常状态下的丝网状态

张力下降的丝网状态

图 7-23　使用前后的丝网

易填充进入网孔中，容易印残，需要调节压力、印刷速度以及刮条角度。栅线宽带越小，浆料离版时在网孔中残余的浆料就越多，印刷高度就会越低。不同线宽的网版印刷后的栅线如图 7-24 所示。

110μm

90μm

70μm

50μm

图 7-24　不同线宽印刷后的栅线图

7. 刮条

（1）刮条的作用

印刷过程中，印刷压力、印刷速度和刮条角度都与刮条的硬度、耐磨损度相关。刮条主要有以下几个方面的作用。

① 使网版和电池片表面之间接触压力均匀性。

② 刮取网版上的浆料。

③ 决定浆料的透过方向。

④ 影响充填力的大小。

（2）刮条性能要求

① 硬度　硬度越高相当于印刷角度越大，网版和电池片之间接触压力的均匀性越低，填充力越小，越容易印残。

刮条硬度越低相当于印刷角度越大，网版和电池片之间接触压力的均匀性越高，填充力越大，越容易漏浆。

②　压力　刮刀的印刷压力与印刷厚度紧密相关，如图 7-25 所示。印刷压力过低，印刷厚度受到网版膜厚均匀性的影响较大，容易厚薄不均。印刷压力从最小开始逐步提高，直到印刷厚度稳定时的压力为最佳印刷压力。

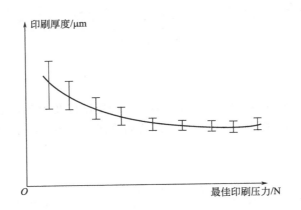

图 7-25　印刷压力与厚度关系图

（3）刮条类型选择

常见刮条如图 7-26 所示，其中印刷效果最好的是平棱状的刮刀。平棱状刮刀安装时与网版成 70°，但在受力后会发生弯曲，进而变成 50°，如图 7-27 所示。

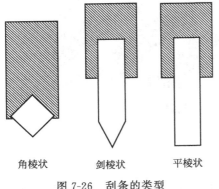

图 7-26　刮条的类型

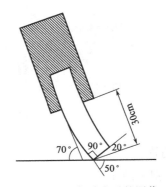

图 7-27　刮条受力后的图像

第四节　丝网印刷的设备维护

丝网印刷过程中，丝网印刷设备维护需按照一定的规章制度进行。具体的维护操作工艺如下。

（1）关机

在确认设备已停机，将主开关从 I 拨至 O，设备进行自动关机。在关机的过程中，要确定设备各运动部件是否都已在正常停止位置。

（2）拆除烘箱顶部的可调风门

将烘箱顶上的热风管道中的可调风门拆下。拆时要注意确认风门外壁温度是否已降温，要戴好手套和口罩，要注意风道中的有机物溶液。

（3）清洁烘箱顶部的可调风门

用铲刀将风门内部和百叶可调装置铲干净。清理时可用热风机辅助，铲时用力要轻。

（4）安装烘箱顶部的可调风门

将清洗后的可调风门装到热风管道中，安装完毕后，要调节风门量。安装时要注意接缝处不能有间隙。螺钉要拧紧。

（5）拆除行走臂两侧的侧板

将两侧的侧板拆下，并按顺序放好。拆卸过程中要将螺钉用盒子装好。在拆定中心装置的侧板时，应注意不要碰撞电机及其定位齿。

（6）清理行走臂内外的碎片

用吸尘器将行走臂内外的碎片清理干净。**注意**清理过程中如有大的碎片，要用手拿出，不可用吸尘器吸，以防止在吸时碎片炸裂溅出。

（7）清洁行走臂上的滑块和导轨

将导轨上原有的已脏污的油脂擦干净，然后抹少量新的油脂。在导轨和滑块表面不能有过多的油脂。

（8）清洁承载盒电机的丝杆

将丝杠上原有的已脏污的油脂擦干净，然后抹少量新的油脂。**注意**在丝杆和轴套表面不能有过多的油脂。

（9）清洁行走臂上的传感器

用沾有少量酒精的无尘布轻轻擦传感器的发射头和接收头。要注意传感器的发射头和接受头表面不能有摸痕，不能过分扭曲光纤。

（10）校正印刷台面

将印刷头盖板拆下，将磁性底座安装在印刷头 Z 轴上，将千分表安装在磁性底座上，然后对台面进行测试。**注意**在安装前要将印刷头 Z 轴和磁性底座表面用布擦干净；千分表是精密仪器，使用时不能被大力碰撞。

（11）检查行走臂上的定位齿

检查行走臂上的定位齿。如定位齿磨损较重，可以行走臂两侧的齿对换。如轻微磨损，可用锉刀进行修整。在安装时不可用力太大，以免使行走臂弯曲。

（12）烘箱内链条和齿轮清洁加油

用布将链条和齿轮上的油污擦干净，然后用毛笔对链条进行加油。加油过程中，一定要链条和齿轮在停止状态才可清洁。加油可以在运转模式下进行，每次只需少量的油。

（13）安装行走臂两侧的侧板

将拆下的侧板按原顺序重新安装好。安装中心装置的侧板时，注意不要碰撞电机及其定位齿。

（14）检查和确认所有的紧急停止按钮

在开机状态时，手动按下紧急停止按钮，同时观察与之相应的功能和报警信息是否正常。操作过程中，按急停开关时不要太用力，确认完毕后要及时将急停开关拨到复位。

（15）检查和确认信号指示灯和蜂鸣器

通过软件确认三色灯和蜂鸣器。

（16）对设备进行通电热机运行和升温

通电时要确认各维护项目是否完成且都已安装好。升温时会报警，可将温度的误差范围增加，等温度升到设定温度时，将误差范围改为原参数。在通电和升温期间，要注意进行巡察。

（17）维护结束

维护结束后，要做好设备和周围场地的 5S 工作。

第五节　丝网印刷工艺中常见问题及解决方法

丝网印刷常见的异常大致有断栅、虚印、结点、漏浆、粗栅、铝包等。出现异常先要从人、机、物、法、环五个方面分析原因，再给出具体的处理方案。丝网印刷异常处理的原则是快和省，为生产线维持生产和减少损失，所以处理异常要有效率。一般异常都与网版有关，其次是浆料，最后才是设备和参数。具体处理方法如图 7-28 所示。

调试参数　擦拭网版　打扫卫生　修补网版　加稀释剂　更换刮条　更换刮刀　更换浆料　更换网版

图 7-28　异常处理方法关系图

1.粗栅问题的分析和解决方法

在生产过程中，把副栅线中栅线与其他栅线对比起来偏宽的，叫做粗栅（图 7-29），是生产异常导致出现的降级片，一般都会被降级处理，严重的直接返工。粗栅对光伏电池片的效率有很大的影响。电池片中，子栅线越窄越好，越高越好，这是因为宽的子栅线不利于电池片的采光。

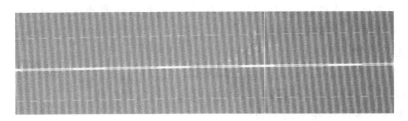

图 7-29　粗栅

粗栅分为小弧形粗栅、大弧形粗栅、大面积粗栅、叠片粗栅、网版未擦拭粗栅。

小弧形粗栅的特点是几根子栅呈月牙状的弯曲形貌，如图 7-30 所示，而这种粗栅一般是由于开印后用新浆料新网版时忘了确认回墨刀高度而产生的。

大弧形粗栅，主要是因为员工操作时加入了过多的浆料，回墨刀没来得及刮平浆料，导致浆料在网版上的重量不均匀，压在网版上，使印刷过程中作用在网版上的重力不均（图 7-31）。

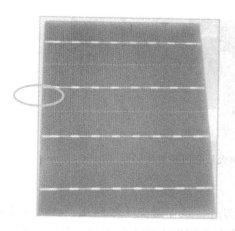

图 7-30　小弧形粗栅

图 7-31　大弧形粗栅

　　大面积粗栅是浆料黏稠度太大导致的粗栅，只要导入些新浆料后这类粗栅就没了，但持续做下去慢慢地又会出现，所以加浆料可以缓解却不能根除。其形貌如图 7-32 所示。

　　叠片粗栅一般是因为机台叠片导致的粗栅，在电池片边缘成直线状，还有类似这种情况的，原因是刮刀印刷后落刀在网版内导致的此类粗栅。其形貌如图 7-33 所示。

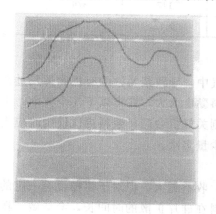

图 7-32　大面积粗栅

图 7-33　叠片粗栅

　　网版未擦拭粗栅一般是试调时，网版未擦干净所产生的粗栅，其次就是刮料断线后网版未擦拭干净才会产生的，还有就是印刷前机台停了较长时间导致此类粗栅。其形貌如图 7-34 所示。

　　改善粗栅的情况主要从以下几个方面进行。

（1）回墨刀与刮刀角度的改善

　　在实际印刷中，通过丝网的油墨量受丝网的材质、性能、规格、油墨的黏度、颜料及其他成分、承印物的种类、刮板的硬度、压力、速度以及网版与承印物的间隙等影响，回墨刀的大小对油墨的黏度有一定的影响，从而影响粗栅，回墨刀大可以降低回墨黏度，均匀浆料，使浆料在挤压过程中不至于网版压力过大而导致粗栅，因此在改善粗栅时

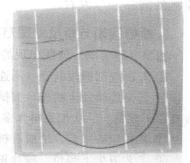

图 7-34　网版未擦拭粗栅

图 7-35　小耳朵和大耳朵回墨刀

一般使用大耳朵回墨刀，如图 7-35 所示。

　　为了使回墨效果加大，浆料不容易溢出刮刀外，从而避免干浆料的产生。对于刮刀角度，可以适当地微调。在实际生产中，刮刀角度对与印刷有较大的影响，角度过高和过低都能将子栅线印粗，而在实际生产中通过实验对比，发现 55° 是最优的。实验数据如表 7-7（注：一条线总产量以一天 12 小时 20000 片计算）所示。

表 7-7　刮刀角度实验

刮刀角度/℃	45	50	55	60	65
粗栅数量	573	641	147	376	522
总产量比例/%	2.86	3.21	0.73	1.88	2.61

　　（2）浆料黏度改善

　　浆料黏度太大是因为浆料长时间暴露在空气中，导致浆料内的有机物挥发过快，浆料的黏稠度变大，这样容易导致粗栅。为了防止浆料黏度太大，注意以下几个方面：不用的浆料禁止长时间暴露在空气中；操作完机台应该立刻关好机台门；浆料再次使用时应当加稀释剂搅拌后使用；三是必须装加湿器；加浆料尽量少量多次。

　　（3）印刷速度的改善

　　印刷速度对产量有很大的影响，产量越高，收益越大，但对于粗栅也有一定的影响，因为印刷速度慢，浆料透过网版的时间长，让浆料在硅片扩散的时间长，会导致子栅浆料向四周扩散变慢，导致线宽变宽。反之，印刷速度过快又会有新的问题，过快的印刷速度，会导致扩散的浆料跟不上印刷的速度，导致出现断栅或者虚印。在实际的生产过程中，怎样找到合适的印刷速度，既要数量，又要减少降级产品，是生产中的难题。一般情况下，印刷速度控制在 320mm/s 左右。

　　2. 断栅问题分析及处理方案

　　断栅（图 7-36）问题出现的主要原因：

　　① 若出现细栅线断开（不连续），则可能是干浆料、异物（如铝粉）堵网；

　　② 若是连续发生断栅，擦拭后继续出现，则可能是浆料黏度大、搅拌时间不足、生产线操作不规范、一次加浆料太多造成网版内存在干浆；

　　③ 浆料瓶盖未盖，造成有机物挥发，黏度变大；

　　④ 工艺卫生不到位，硅片正面粘有铝粉（印刷时铝粉堵塞网孔）；

　　⑤ 车间温、湿度不达标，温度过低等。

图 7-36　常见断栅图

一般出现断栅应当先用无尘布擦拭网版，再适当降低网距，加大压力，改进印刷品质。若不能改善，则将网版内的浆料刮干净，收集在专门的桶内，更换搅拌时间较充足的新浆料，换下的浆料充分搅拌后再上线使用，并要求生产线在生产过程中必须盖好浆料盖。规范产线加浆料的方法，做到少量多次，及时将网版两边的浆料刮到印刷区域内。停机后做好工艺卫生，清理印刷机，擦拭传送皮带，定期做好烘干炉维护。

3. 虚印问题分析及处理方案

出现虚印（图 7-37）的主要原因：①若新上线网版，电池片中间有一处或多处虚印，则可能是浆料未完全浸润网版，开始时比较难印刷；

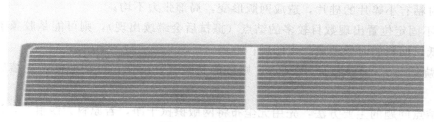

图 7-37　常见虚印图

② 若停机一段时间后恢复生产出现印虚，则可能是浆料在静置过程中干燥、堵网；

③ 若电池片印刷起始位置边角上出现虚印，则一般是回墨刀位置不当；

④ 若电池片中间位置或一边出现印虚，擦拭后过段时间继续出现，则可能是胶条磨损或安装不平或安装不紧，印刷过程中松动；

⑤ 若出现印虚，擦拭后过段时间继续出现，印虚位置不定，则可能是浆料黏度过大；

⑥ 若在换胶条、调节回墨刀后还出现印虚，且浆料黏度不大，则可能是网版质量差，张力太小或不均匀，感光胶膜制作不良；

⑦ 若固定印台出现印虚，则可能是某个印台不平，或者整个印刷机不在水平位置；

⑧ 若实验浆料出现虚印，则可能是浆料和网版不匹配，网版目数高，浆料粒度大。

处理虚印的问题应当分情况进行处理。首先需要查看是不是新上线网版，可先用无生布蘸酒精擦拭一下。上线时可稍降低网距，增大压力，降低印速，适当调整回料刀位置。其他情况出现印虚，应当先擦拭网版，如果不行就用蘸有松油醇的无尘布擦拭网版，可用胶条一棱轻轻刮印虚处，再用干无尘布擦拭网版，尽量改善印刷品质。降低印速，加大压力，降低网距。若还不能解决，则看是哪个位置出现虚印，如果只有部分位置出现虚印，可以先换刮条，更换新胶条，保证安装的新胶条平整，螺钉处于拧紧状态。如果不能解决问题，可更换网版。

4. 结点问题分析和处理方案

出现结点（图 7-38）的主要原因：

图 7-38　常见结点图

① 如果出现线状结点，则可能是原料片为线痕片；

② 若固定位置出现数目较少的结点（擦拭可消除），则可能是网版印刷过粘有异物的硅片，并未清理干净网版；

③ 固定位置出现数目较多结点（指擦拭网版可暂时没有，下次生产时还在同一地方出现结点），则可能是网版膜厚不一或网版图文开口部分边缘不整齐、不清晰，有毛刺状；

④ 若固定位置出现数目一定的结点（擦拭网版不能消除），则可能是网版有压痕，或者网版印刷时粘有小碎片的硅片，造成网版形变，局部张力不均；

⑤ 若不固定位置出现数目较多的结点（擦拭后会继续出现），则可能是胶条磨损或回料刀位置过低，回料的时候造成二次印刷；

⑥ 若烧结前无，烧结后出现结点，则可能是浆料黏度低，可塑性低，烧结后浆料出现坍塌。

处理结点问题的主要方法：先用无尘布将网版擦拭干净，若原料为线痕片，流程单会有说明。此异常难解决，一般需要减小压力，降低印速来改善。若是正常片，可提高回墨刀的位置，要注意回墨效果，回墨刀距离网版有两张 A4 纸的厚度。可将网版掉头，在原位置更换新胶条，更换另一个批次的浆料，若是不行，则是网版问题，此时，唯一方法只有更换网版。换网版时可校准回墨刀的高度，若网版是在使用过程中造成的压痕，应监督好生产线，妥善保管新网版，注意装网版时一定在平整的桌面上，并在网版下方垫好纤维纸。保证印刷机台的干净，避免小碎片粘到硅片正面，印刷时伤害网版。

5. 漏浆问题分析及处理方案

漏浆问题出现的原因主要有：

① 若边缘漏浆、正面漏浆、背面漏浆，则可能是印刷机台不干净，印台纸、工装夹具有浆料，接触印刷后硅片方式不当，弄花图案部分，返工片擦拭不干净，有浆料残留；

② 若只边缘漏浆则，可能是网版边缘区破损（分为感光膜针孔状破损和纱破）；

③ 正面和背面漏浆，则可能是正栅网版图文部分破损（分为感光膜针孔状破损和纱破）和背场网版图案边缘纱破。

处理漏浆问题的主要方法：保证生产现场工艺卫生；及时清理印刷机台和工装夹具；监督生产现场接触硅片情况，必须手拿硅片边缘，监督生产现场擦拭返工片情况，必须严格按照 SOP 操作，避免人为因素造成漏浆；一、二号机发生感光膜脱落（针孔），侧面漏浆面积较小，可以用补网版液补网版；三号机感光膜脱落，直接换网版；纱破导致侧面漏浆面积较大，直接换网版，避免因侧漏浆到正面，造成损失更大；侧漏的电池片用砂纸打磨重测后方可入库；造成针孔的原因是网版质量问题，还有生产操作不当，浆料内含有渣滓、微小碎片等，经刮条往复摩擦，易出现针孔、断纱，导致漏浆，所以这个方面的问题主要以预防为主。

第六节　制定丝网印刷工艺作业指导书

根据丝网印刷操作工艺目的、原理、工艺流程及注意事项，制定丝网印刷工艺作业指导书，如表 7-8 所示。

表 7-8　丝网印刷工艺指导书

公司生产车间名称	文件名称：丝印工艺作业指导书	版本：A	
	文件编号：	修订：	
	文件类型：	撰写人：	第 * 页　共 * 页

① 目的
② 适用范围
③ 职责
④ 主要原材料及半成品
⑤ 主要仪器设备及工具
⑥ 工艺技术要求
⑦ 操作规程
⑧ 工艺卫生要求
⑨ 注意事项

小结

　　丝网印刷工艺主要通过印刷的方式在电池片前后形成电极，通过后续的烧结工艺形成良好的欧姆接触，收集光生载流子。在印刷工艺操作过程中，浆料的搅拌、网版的形状等都起着很重要的作用，温度、压力、黏度等影响因素都会对印刷质量产生影响，需要进行综合考虑。

思考题

1. 丝网印刷的目的是什么？
2. 简述丝网印刷操作工艺流程。
3. 常见丝网印刷的问题有哪些？

烧结工艺

【学习目标】

① 掌握烧结工艺的目的与原理。

② 掌握烧结工艺操作流程。

③ 掌握烧结设备的使用技术。

④ 掌握常见烧结工艺问题及解决方案。

⑤ 能够制定烧结作业指导书。

第一节　烧结的目的与原理

1.烧结目的

① 干燥硅片上的浆料，燃尽浆料的有机组分，形成电极。

② 使银浆穿透氮化硅薄膜和 N 型硅片形成良好的欧姆接触；形成铝硅、银铝合金，使铝硅形成欧姆接触。

③ 使扩散在背面形成的 P 型层返回至 N 型层。

2.烧结的要求

① 烧结后的氮化硅表面颜色应该均匀，无明显色差。

② 印刷图案偏离小于 0.5mm。

③ 电池最大弯曲度不超过 1.5mm。

3.烧结原理

光伏电池片目前采用只需一次烧结的共烧工艺原理，同时形成背场、上下电极的欧姆接触。铝浆、银铝浆、银浆印刷过的硅片，经过烘干使有机溶剂完全挥发，膜层收缩成为固状物，紧密黏附在硅片上，这时可以看到金属电极材料层和硅片接触在一起。当电极金属材料和半导体晶硅加热达到共晶温度时，晶硅原子以一定的比例融入熔融的合金电极材料中。

烧结可看做是原子从系统中不稳定的高能位置迁移至自由能最低位置的过程。厚膜浆料中的固体颗粒系统是高度分散的粉末系统，具有很高的表面自由能。因为系统总是力求达到最低的表面自由能状态，所以在厚膜烧结过程中，粉末系统总的表面自由能必然要降低，这就是厚膜烧结的动力学原理。

固体颗粒具有很大的比表面积，具有极不规则的复杂表面状态，在颗粒的制造、细化处理等加工过程中受到机械、化学、热作用所造成的严重结晶缺陷等，系统具有很高的自由能。烧结时，颗粒由接触到结合，自由表面的收缩、空隙的排除、晶体缺陷的消除等都会使系统的自由能降低，系统转变为热力学中更稳定的状态。这是厚膜粉末系统在高温下能烧结成密实结构的原因。

4.烧结过程

将印刷好上、下电极和背场的硅片经过丝网印刷机的传送带传到烧结炉中，经过烘干、烧结和冷却过程来完成烧结工艺，最终达到上、下电极和电池片的欧姆接触。

烧结整个时间约120s，分为烘干、烧结和冷却三个阶段，对应着烧结炉炉体的三个部分，每个部分又分为不同的温度区域。三个部分为温度逐渐上升的烘干区域、烧结背电极与烧结正面银电极的区域、冷却硅片的降温区域（温度自然冷却）。

烧结是一个扩散、流动和物理化学反应综合作用的过程。在印刷状况稳定的前提下，温区温度、气体流量、带速是烧结的三个关键参数。

① 温区温度　由于要形成合金必须达到一定的温度，Ag、Al 与 Si 形成合金的稳定性又不同，所以必须设定不同的温度来分别实现合金化。

铝硅合金最低共熔点温度为 577.2℃，银铝合金最低共熔点温度为 567℃，在烧结背面铝背场时，如温度达到 577.2℃，铝原子以一定的比例熔入晶硅中，铝和硅很快就形成合金。铝硅合金相图如图 8-1 所示，同时银铝也形成合金，形成背电极的欧姆接触。温度逐渐降低后，硅铝合金系统冷却，铝原子在硅中的溶解度下降，硅铝合金中的一部分铝会因为饱和而析出，使得扩散在背面形成的 N 型层返回至 P 型层，剩下的铝则使硅形成高掺杂的 P^+ 层，那部分掺了铝的硅就与 P 区形成了 $P\text{-}P^+$ 高低结，形成铝背场（BSF），如图 8-2 所示。

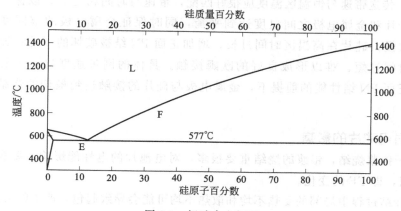

图 8-1　铝硅合金相图

正面银电极的烧结比较困难，若烧结温度过低，银电极栅线与硅片结合不牢，串联电阻增大；烧结温度过高，虽然牢固度增加，但可能会破坏正面的 PN 结，使得光伏电池的并联电阻变小，电性能变坏，甚至可能将正面的 PN 结烧穿，使得光伏电池片失效。因此，正面银电极的烧结很关键，银硅合金最低共熔点温度为 830℃，但是适宜的烧结温度需由生产实践决定。具体温区设定情况见表 8-1。

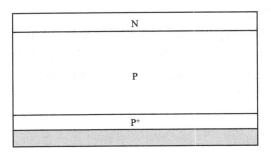

图 8-2   晶硅太阳电池背场示意图

表 8-1   烧结区域温度、带速

温区	温区 1	温区 2	温区 3	温区 4	温区 5	温区 6	带速 /(in/min)
温度/℃	250~350(260)	250~400(290)	250~400(310)	310~450(330)	420~500(440)	510~550(520)	510~530 cm/min(43Hz)

温区	温区 7	温区 8	温区 9
温度/℃	550~620(600)	760~790(780)	850~895(860)

② 气体流量   为了确保烧结工艺过程中的气流在烧结区不受污染，烘干区及烧结区加有排气系统，强制工作室内气流按照设计方向流动，确保反应室内的温度按照设计值进行加热。若气体流量过大，气流带走大量热量，使得温区温度下降，降低烧结性能；若气体流量过小，则有机挥发性气体停留在烧结区，易造成污染。所以需要严格控制气体流量，适宜的气体流量需由生产实践决定。

③ 带速   传送带速与恒温区温度应很好匹配，带速与时间相对应，以保证有适当的恒温时间使得硅片和金属电极之间温度达到平衡，同时保证金属电极的牢固度。传送网带的速度不能太慢，硅片在高温区时间过长，增加正面 PN 结被破坏的可能；速度太快，硅片在高温区时间过短，难以形成良好的欧姆接触。具体的网带速度也需由实验确定，确保在不削减正面 PN 结性能的前提下，金属电极与硅片的接触达到最佳的烧结效果。具体的带速见表 8-1。

5. 烧结对电池片的影响

① 相对于铝浆烧结，银浆的烧结重要很多，对电池片的电性能影响主要表现在串联电阻和并联电阻，即 FF 的变化。

② 铝浆烧结过程中局部的受热不均和散热不均可能会导致起包，严重的会起铝珠。

③ 背面场经烧结后形成的铝硅合金，铝在硅中是作为 P 型掺杂，它可以减少金属与硅交接处的少子复合，从而提高开路电压和短路电流，改善对红外线的响应。

6. 铝背场的作用

由于铝在硅内掺杂浓度高于硅片衬底的掺杂浓度，存在浓度差，使得热平衡时，界面附近 P 区形成空穴积累层，P^+ 区形成耗尽层，于是空间电荷区内就形成了由 P 区指向 P^+ 区的内建电场，这是一个阻止 P 区的电子向 P^+ 区运动的势垒，形成一个高低结。铝背电场的高低结使光电子反射回去重新被收集，其内建电场加速光生载流子，增加了载流子的有效扩散长度，提高了电池的短路电流。P-P$^+$结两端的光电压与N$^+$-P两端的光电压叠加，使电池的开路电压提高。

另外，在形成铝背场的同时，由于铝硅原子晶格失配产生的应力，晶体硅中的重金属杂质或空位扩散至界面而被有效吸除。铝背场吸杂，可明显提高晶体硅光伏电池的开路电压、填充因子和转换效率。

第二节　烧结工艺操作流程

1. 烧结生产前准备

① 准时做好交接班工作，保证班组之间的账、物相符，杜绝班组之间的相互推诿。

② 打开抽风系统，并按工艺卫生要求搞好安全卫生工作。

③ 按《设备操作规程》中的要求检查水、电、气是否达到使用要求，开机以及检查设备是否处于良好的运行状态。

④ 按《工艺规范》的要求检查并设定工艺参数，保证工艺运行的正确性。

2. 生产作业及要求

(1) 烧结设备及材料

Centrotherm（D012.500-300-FF-HTO-N$_2$/Air-cantrol）烧结炉、塞尺、光学显微镜、压缩空气、冷却水、汗布手套。

(2) 带速与烘干、烧结温度的设备

① 设置带速，确保合理的烧结时间。

② 设置烘干区域温度，硅片自动流入烘干炉进行烘干。

③ 设置烧结区域温度，确保形成良好的欧姆接触。

(3) 作业要求

① 确保印刷后的硅片形成良好的烧结效果。

② 更改参数要及时填写参数更改记录。

③ 每隔1个月拉一次炉温。

④ 收片。为避免产生划伤，注意避免使片子与烧结炉网带产生摩擦，轻拿轻放。收取片子的过程中要求一片片摆放堆叠整齐，减少因整理片子造成的背场划伤。数片时取一叠片子，一手持片竖立放置，另一手用手指一片片拨开去数。

3. 过程检验

在烧结工艺中，需要关注膜的颜色是否均匀，然后把硅片翻过来，看背面是否有铝包、铝珠，颜色是否一致，厚度是否一致，背电场和背电极是否偏移；再把硅片放平，用塞尺测量弯曲度，如有必要，用光学显微镜观测细栅线的宽度和高度。

4. 烧结炉的清洁

(1) 清洁工具及试剂

无尘布、酒精壶、水桶、超声波清洗机、18MΩ·cm纯水、工业酒精、乳胶手套。

（2）烧结炉的清洁作业过程

① 按照烧结炉停机程序，确保烧结炉在正常情况下停机后打开盖板。

② 用蘸着酒精的无尘布擦拭烧结炉上料台、下料台。

③ 卸下文氏管，用蘸着酒精的无尘布擦拭。

④ 用蘸着酒精的无尘布擦拭冷却水过滤器。

⑤ 用蘸着酒精的无尘布擦拭冷却区上下风扇。

⑥ 用蘸着酒精的无尘布擦拭干燥区内加热管。

⑦ 用蘸着酒精的无尘布擦拭卸下的盖板和烧结炉表面。

⑧ 由工程人员装上超声清洗机，调用清洗程序运行网带，清洗 3 次，每次 1h，清洗完后停止网带运行，卸下超声清洗机，连接好网带。

⑨ 装上文氏管和盖板。

（3）烧结炉清洁的作业要求

① 烧结炉表面无灰尘和污物，冷却水过滤器无沉淀物，网带表面洁净无污物。

② 文氏管和冷却水过滤器要轻拿轻放。

③ 冷却区要左右擦而不能上下擦。

5. 工序作业与质控流程图

烧结工艺中具体的工艺流程如图 8-3 所示，流程之间均为自动传送。

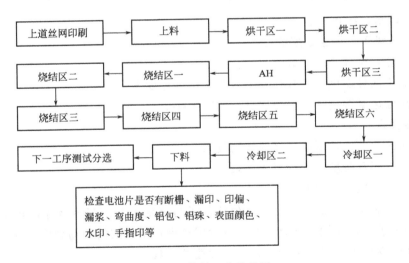

图 8-3　烧结工艺流程图

6. 卫生要求及注意事项

① 各班上班之前，收片员对烧结炉表面和网带进行擦拭，保证无灰尘和污物。

② 收片员对炉膛内可见的碎硅片及时进行清理。

③ 如果有临时停电通知，工序长应在 30min 之前关闭烧结炉，以免突然停电，对烧结炉灯管产生影响。

④ 关闭烧结炉之前，工序长先把温度降下来，直到各温区温度均在 200℃以下，才能关

掉烧结炉主电源。

⑤ 若有温区不能达到设定温度，工序长要把该温区温度设置到最低限度，以免损伤灯管。

⑥ 在正常生产运行过程中，设备出现任何异常或报警，工序长应及时通知设备、工艺、品质人员，生产需留守 1 人观察，但禁止操作。

第三节 烧结设备的使用与维护

1. 烧结炉的功能及用途

烧结炉用于烘干硅片上的浆料、去除浆料中的有机成分、完成铝背场及栅线烧结。硅片在炉中，上、下两面能同时烧结。

2. 烧结过程

① 对第三道丝印后硅片表面浆料进行烘干。

② 去除浆料中的有机黏结剂。

③ 铝背场及栅线烧结。

3. 烧结炉结构

炉体分为三个部分，如图 8-4 所示，图中箭头表示硅片走向（后文图中箭头均表示走向）。共由 9 个温区所组成，每段温区的灯管分别布置在炉膛的上下，可同时对硅片两面进行加热。不同温区采用不同加热功率，确保烘干与烧结工艺过程中所需要的温度。各温区的温度设置及带速如表 8-1 所示。

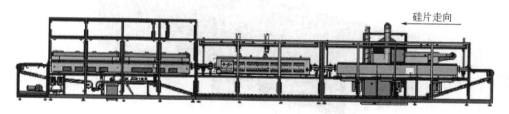

硅片走向

图 8-4 烧结炉炉体示意图

（1）烘干区

烘干区的外形如图 8-5 所示，由鼓风机、干燥箱和加热箱组成。鼓风机固定在热风箱的侧端，在出入口加装气帘，使外部空气不会进入反应室。为了控制鼓风机内的空气流动方向与风量的大小，在喷嘴上安装一个调节装置，确保反应室内温度的稳定及带走所有挥发的有机溶剂，保证烘干区域的清洁。

烘干区包括四个加热区：温区 1、温区 2、温区 3、温区 4。其中温区 4 为对流加热区，位于其他三个温区上部，每个加热区温度单独可调。加热温区 1 至温区 3 的电压与功率分别为 110V、800W，对流加热温区 4 区域的电压与功率分别为 220V、600W。加热温度可设置到 550℃，但过程温度不应超过 320℃。

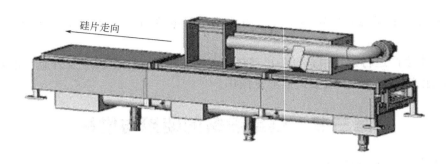

图 8-5　烘干区域外形图

（2）烧结区

烧结区包括预热区、燃烧区及烧结区 3 个区域 6 个加热区，工艺腔采用开放式结构，由 6 个独立的加热区域组成，如图 8-6 所示。温区 1～4 为预烧结区，温区 5 和温区 6 为主烧结区。其中 1～4 区加热管功率为 1500W，5、6 区加热管功率为 2800W，每个温区温度单独可调。1～4 温区温度可设置到 650℃，5、6 温区可设置到 1000℃。为了确保烧结工艺过程中的气流在烧结区不受污染，预热区、燃烧区的起始处和烧结区处均加有气体进气口，在预热区的后端及燃烧区与烧结区外结合处加有排气系统，强制工艺室内气流按设计方向流动，确保反应室内的温度按照设定值进行加热。

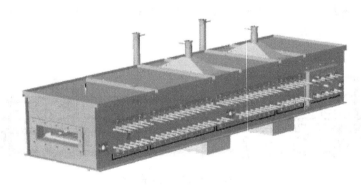

图 8-6　烧结区域外观图

（3）冷却区

冷却区采用水冷，给水温度大约在 20～25℃ 范围内。冷却区域外观如图 8-7 所示。

（4）隔离炉膛

为了确保烧结工艺过程中气流不受污染，烘干区、烧结区、冷却区之间各有一个隔离炉膛，通过风帘隔离，隔离炉膛防止相邻区域中的过程气体相互混合。隔离设备如图 8-8 所示。

除了上述几个主要部分外，在炉体头部有上料区，在尾部有下料区，外加一个单独的冷凝器，冷凝媒介为冷却水。冷凝设备如图 8-9 所示。

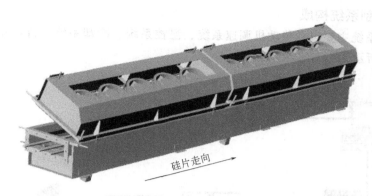

图 8-7　冷却区外观图

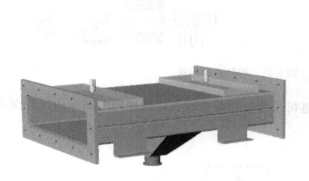

图 8-8　隔离炉膛外观图

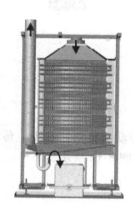

图 8-9　下料区冷却装置

（5）网带传动部分

为确保高速运动过程中的网带上运送的硅片平稳，在整个烧结炉的炉膛内，传送网带仅被石英支撑件支撑，所有与网带接触的传动部件表面包裹着硅橡胶，采用摩擦驱动方式，通过调节压缩空气的压力使气缸给网带一个合适的张紧力。如图 8-10 所示。

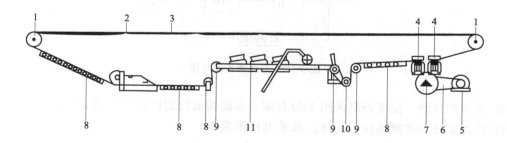

图 8-10　网带传动部分示意图

1—入/出口从动轮；2—网带；3—石英托板；4—挤压轮；5—离合器；6—传动链条；
7—电机；8—滚动轮；9—导向筒；10—张紧气缸；11—网带风干风机

4. CAN 控制系统构成

CAN 控制系统主要包括传动机调速系统、温控系统、冷却系统、排风系统，控制系统组成如图 8-11 所示。

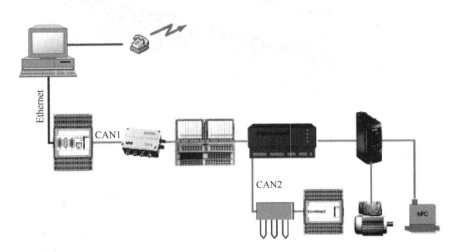

图 8-11　控制系统构成

① 传动电机调速系统　传动电机采用三相异步电机，速度调节是采用闭环变频调速，控制框如图 8-12 所示。

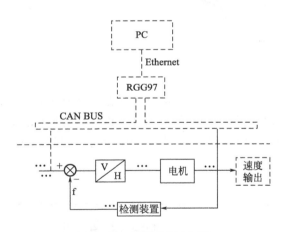

图 8-12　速度调控闭环图

② 温度控系统　温度控制采用 PID 控制，系统构成控制框如图 8-13 所示。

③ 冷却系统和排风系统很简单，都采用开环系统。

5. 烧结炉操作

(1) 开机步骤

① 慢速开启冷却水主给水阀，给烧结炉供水。通常各管道给水阀和流量已设定好，无需调节。如图 8-14 所示。

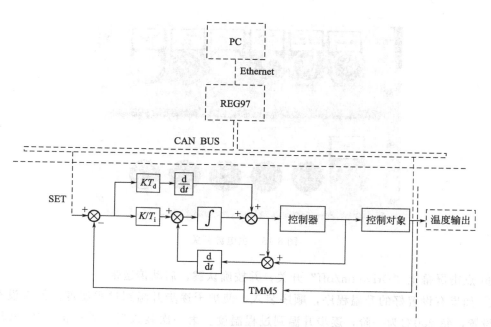

图 8-13 温度控制系统闭环图

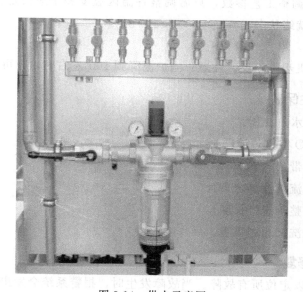

图 8-14 供水示意图

② 慢速开启压缩空气主阀，给炉子提供过程气体，同时给各气缸提供压缩空气。通常各管道流量已设定好，无需调节。

③ 将主电源开关拨到"1"，开启主电源。主电源如图 8-15 所示。

④ 启动 PC，等待机器完成自检和监控程序装入。

⑤ 将"Drive On"拨到"1"，"Drive PC/Manual"拨到"0"，将"Heating FF"拨到"ON"，"HEATING HTO"拨到"ON"。

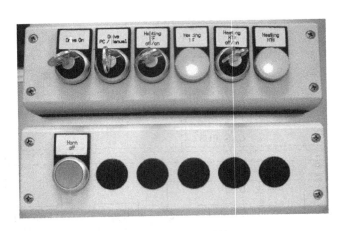

图 8-15　主电源开关

⑥ 点击屏幕上"Drive on/off"开关，并按确认键，启动传送带。

⑦ 如果有设置好的升温程序，顺序装入，使炉子逐步升温到过程温度。如果没有，则手动设置，每 200℃ 为一阶，逐步升温到过程温度。第一次装入后，需单击加热升温开关，开始加热。

⑧ 根据工艺要求调整工艺参数，只需调整各温区温度和带速设定值。当过程值达到设定值后，机器便处于就绪状态。

（2）关机步骤

关机步骤则与关机步骤相反。**注意**：当炉温降到 100° 左右时，方可将传送带停下。

6. 烧结炉预防性保养

① 定期清洗主给水过滤器。

② 定期吹洗 HTO 空气过滤器。

③ 定期清洗传送带。

④ 定期清洗气体流量计。

⑤ 定期检查并调整传送带长度。

⑥ 定期检查并清洗文丘利喷嘴。

7. 故障诊断与修复

监控程序几乎可以定位所有故障。当故障发生时，报警系统会发出声光报警，并可能停炉。可打开"Alarm"标签，查看报警信息，判断故障位置，分析故障原因，并排除故障。

常见的故障报警及处理措施如下。

① 空气流量过小或过大，空气压力不稳，请设施部解决。

② 压缩空气中有大量水分和油分。加大流量，排除积累在流量计中的水分，同时请设施部设法滤去压缩空气中的水分和油分。

③ 冷凝器排风量过小。开大风门，同时请设施部加大抽风量。

④ 冷却水温度过高。请设施部降低水温。

⑤ HTO过滤器堵塞。用风枪吹洗过滤器。

⑥ 传送带过长，调整链带长度。

⑦ 温度超出设定允许范围。检查设定值是否合适，并做适当调整。

⑧ 加热管烧断。更换加热管。

⑨ 固态继电器损坏。更换继电器。

第四节　常见烧结工艺问题及解决方案

1. 温区温度调节

烧结温度的调节简单地说就是升降每个温区的温度，但关键是调节温区的选择、升降的选择以及升降幅度的选择。

（1）调节烧结温度时机的选择

需要调节烧结温度时也就是电池的电性能和外观出现异常的时候，所以首先要做的就是对测试结果的观测和分析。主要观察FF的变化，FF的好坏在一定程度上反映了欧姆接触的好坏。如果此时填充因子不理想，看看串联电阻、并联电阻以及反向电流的情况，如果这些值不理想，那么有可能是烧结温度调节不到位，此时可以考虑调节烧结温度来改善电池的电性能。

（2）烧结温度温区的选择

常用的烧结炉分为9个区，前3个区是烘干区，主要完成浆料中有机成分的挥发，后6个区主要完成背面和正面的烧结。背面烧结主要形成铝背场和银铝合金背电极，背场烧结主要是铝浆到铝金属的转变和硅铝合金的形成，也可以说是硅铝欧姆接触的形成，背电极的烧结主要是银浆到银金属的转变和银铝合金的形成。正面是银浆到银金属的转变和银硅合金的形成，烧结的关键是银硅的欧姆接触，因为银的功函数较高，和铝相比，较难以和硅形成欧姆接触，所以选择温区时，如果出现弓片、铝珠和鼓包问题，首先可以选择降低8区和9区的温度，同时结合4、5和6区的温度，如果仅仅是电性能的异常，就主要选择调节8区和9区的温度，7区的温度配合着调节。

（3）烧结温度升降的选择

烧结温度调节最关键、最难把握的就是升降的选择，该升温的时候不能降温，何时升温何时降温需要一定的经验和技巧，两者要结合，才能更好地把握温度的调节，判断升温还是降温，主要是根据测试的结果。

烧结有欠烧和过烧，每一批片子都有一个最佳烧结点，当温度超过或者低于最佳烧结点的温度的时候，片子都是没有达到理想烧结要求的。欠烧时欧姆接触没有完全形成，串联电阻会偏大，填充因子偏低，过烧时银硅合金消耗太多银金属，银硅合金层相当于隔离层，阻止了载流子的输出，也会增加接触电阻，降低填充因子。欠烧和过烧的一个相似的表现就是串联电阻偏大，填充因子偏低，如果仅仅根据这个表现还不能决定是降温还是升温，此时最好的办法是参考并联电阻和反向电流，因为在过烧时会导致更多的杂质驱入到PN结附近，增加局部漏电的概率，这样并联电阻会偏小，反向电流偏大，但是这也不是绝对的，因为当银浆污染和边缘刻蚀不足时也有可能出现这种情况，这时也可以参考一下短路电流，温度过高时表面复合的概率大一些，短路电流会小一些，这也可以作为调节温度的一个参考点。

当并联电阻和反向电流都正常时，可能还不能对升降温做出决定，那么可以做一次探索，一直降温，降到电性能产生明显变化为止，这样就可以知道温度调节的大致方向，也可以完成调节的过程。在调节温度的过程中，有可能多次调节温度，大幅度的变化温度却未见电性能产生明显变化，此时可观察一下开路电压的情况，如果开路电压还算正常，那么此时最大的可能就是测试台出现异常。如果两条线同时生产同一型号片子，就可以做比较测试，验证测试台是否出现问题。在确保测试台正常的情况下，如果调节无效，那就不是烧结的问题了。

在对烧结温度调节之前，还要查看烧结炉的每个加热灯管是不是在正常的情况下工作，观察点就是各温区加热灯管输出功率的百分比，如果发现百分比偏大，或者是上下波动较大，应通知设备部门检查加热灯管的状态。

2.烧结温度调节相关异常状况处理

(1) 弓片

弓片已经成为烧结工艺的主要质量问题，一个普遍的现象就是片子整体变薄了。当出现弓片时，最快捷、最有明显效果的是降低烧结区的温度，这样可能会使片子产生的应力稍微小一些，然后再去查找其他原因，有可能是片子太薄或者铝浆印刷量太大。对于调节温度来说，首先是将8区和9区的温度降到最低，降低温度的底线就是保证填充因子，也就是效率的正常，不能只为了消除弓片而忽视效率。当把8区和9区的温度降低到最低时，如果弓片现象还没有消除，可以配合调节4、5和6区的温度，有时，这样的调节并不能完全保证弓片的消除，要做的就是尽量减小弓片的严重性。

(2) 铝珠和鼓包现象

铝珠一般都是烧结区温度过高出现的，这是实际生产中很少遇见的情况。在对片子进行二次烧结时，铝珠基本上都会出现，当一次烧结出现铝珠时，已经有过烧的嫌疑了，那就直接降低烧结区的温度。

鼓包现象是经常出现的外观问题，这种现象基本上都可以通过调节烧结区的温度来解决。除了浆料本身的原因之外，从烧结角度来调节鼓包，首先还是把烧结区的温度降到最低，但也要保证欧姆接触，也就是保证效率的正常，再去调节烘干区的温度。鼓包的最大可能：

① 烧结区温度过高，使得硅铝合金突破铝的氧化层；

② 片子在经过烘干区时浆料挥发不充分或者挥发过快。

其实鼓包还有其他的原因，上面只是从调节烧结温度的角度谈论这个问题的。

3.烧结炉异常对烧结的影响

对于每条生产线的烧结炉来说，都有一定的差异，烧结炉的8区和9区的温度有时候会出现较大范围的波动，对于连续生产来讲是绝对不允许的。在实际生产中会偶尔出现填充因子偏低的情况，当把这些片子进行二次重烧时，填充因子又回到正常，也就是说在一次烧结时，这些片子是欠烧的，这跟设备的稳定性有很大的关系。对于烧结炉的某个温区来说，因为烧结炉的腔体与外界进行空气交换时会导致温度有所降低，此时加热灯管会增加功率输出的百分比来维持设定的温度，但是如果从腔体内的温度降低到加热灯管增加功率输出百分比的时间过长，而片子恰好在这个反应时间内通过烧结区，那么这个片子就有可能出现烧结不足，这也是要求烧结炉的温度一定要稳定的原因。

当调节温度的时候，要承认每个烧结炉的差异性。每个烧结炉的设定温度与实际烧结温度的差别是不同的，包括调整的幅度也是有差异的，应坚持尽量在最低的温度下完成烧结，因为高温既会影响加热灯管的寿命，也会增加过烧的概率。

4. 背电场形成过程中铝珠、铝包的成因及解决方案

铝浆作为电池背电场印刷在电池背面，常会出现一些问题，如铝珠、铝包、附着力弱以及弯曲度大等问题。

（1）铝珠

铝珠是在晶体硅光伏电池烧结过程中产生的，附着于铝层上，球形，有强的金属光泽。有的电池片上铝珠数量多而小，这种铝珠可以轻易用手抹去，电池片上不会留痕迹。有的电池片上铝珠数量少，体积大，这种铝珠通常与电池片有轻微的粘连，亦可抹去，但抹去后电池片上会留下粘连痕迹。

铝珠产生的根本原因是过烧，铝的熔点是 660℃，当铝受热超过这一温度时，铝粉颗粒熔化形成了铝珠。通常，烧结炉的设置温度都远高于这一温度，这里所说的 660℃ 是指电池片表面实际感受的温度，设置的温度虽高，由于烧结炉带速很快，铝层实际感受到的温度是远低于设置温度的。

解决这一问题的办法是降低烧结区温度，或是加快烧结炉的带速，减少热量的给予。此法效果非常明显，铝珠可得到有效控制。另一方面过分降温会损失电池片的电性能数据，经验是降温到电池片背面手感略微粗糙即可。

（2）铝包

铝包是指电池片背面的凸起，呈小丘状，大的铝包直径可达 1.5～2mm，没有金属光泽，色泽同烧结后的铝层一样（图 8-16）。产生铝包的电池片在电性能上没有异常。铝包相对铝珠难于去除，须用锉刀锉除，费时费工，也易碎片。

图 8-16 图中突起部分为铝包

铝包是实心的，里面有内容物，能谱显示内容物成分主要是铝硅合金，合金中的硅含量明显高于平整界面的硅含量。显微组织照片可以看到起铝包处界面粗糙、不规则、不均匀、呈锯齿状（图 8-17）。

铝包的产生原因很复杂，去除的效果不如铝珠明显。从前处理的角度讲，与清洗、磷硅玻璃的去除、绒面质量有关，从铝浆的应用角度讲可以总结为以下几个方面。

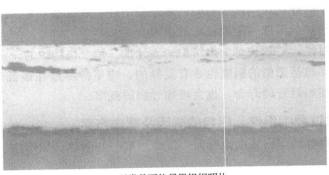

(a) 正常截面的显微组织照片

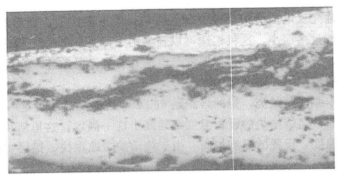

(b) 起铝包处界面的显微组织照片

图 8-17　起铝包处界面

① 增加印刷湿重可以减轻铝包症状　但是，由于铝和硅的膨胀系数相差很大，湿重增加会增大烧结后电池片的翘曲度，而且目前随着电池片向薄型化发展，不仅不能增加印刷湿重，还要减少印刷湿重。

② 使用前搅拌不充分　铝浆的主要组成部分是铝粉、无机黏合剂和有机黏合剂。铝粉是导电相，有机黏合剂负责烧结前的粘接，烧结前全部挥发，无机黏合剂负责烧结后的粘接。在浆料中，有机黏合剂是溶剂或载体，固体的粉末均匀分散其中。铝浆放置时间较长，重力作用下，固体悬浮物会有一定程度的沉淀，因此会导致浆料的轻微不均匀，在使用铝浆前，需要充分搅拌铝浆，使其十分均匀一致，各组分充分分散，使用效果才好。否则，印刷时固液相在硅片背面的分布不均匀，背面各处固含量有差别，烧结后易造成鼓起。建议立式电动搅拌 50min/kg，卧式滚动搅拌 8h/kg。

③ 铝浆在印刷后烘干温度低，或是烘干时间不够，有机溶剂未充分挥发，排胶区负担较大，排胶不充分，遇烧结段高温快速突然挥发。铝粉颗粒在热作用下流动，难以达到平衡，局部聚集形成铝包。可以尝试适当提高烘干温度或延长烘干时间，烘干温度设定最好呈梯度，同时加大排胶区气体流量，使有机溶剂缓慢逐步挥发。

④ 烧结温度较高的情况下，铝硅界面受热较多，铝硅合金化温度超出最低共熔点。合金中硅含量增加，即进入到铝中的硅增加，造成凸起。图 8-18 分别是凸起处和平整处的能谱图，图 (a) 中铝硅合金 Al 61.66%、Si 28.67%，图 (b) 中铝硅合金 Al 75.45%、Si 18.06%。这种情况需要适当降低烧结区温度，加大烧结区的气流量。

⑤ 铝浆本身的原因　铝浆中铝颗粒选择不当，有机相悬浮能力不够，沉降速度过快；

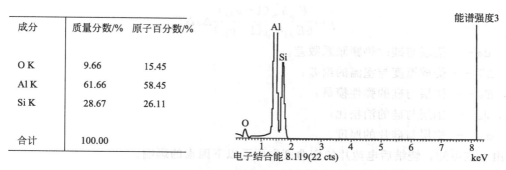

成分	质量分数/%	原子百分数/%
O K	9.66	15.45
Al K	61.66	58.45
Si K	28.67	26.11
合计	100.00	

(a) 凸起铝膜处的能谱图

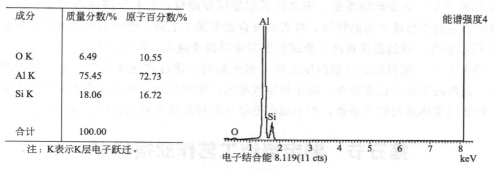

成分	质量分数/%	原子百分数/%
O K	6.49	10.55
Al K	75.45	72.73
Si K	18.06	16.72
合计	100.00	

注：K表示K层电子跃迁。

(b) 平整铝膜处的能谱图

图 8-18　铝硅界面能谱图

铝粉在有机相中分散不充分等。

（3）附着力

附着力主要是由铝浆本身的配方和选材决定的。无机黏合剂的选择决定烧结后铝浆附着能力的强弱。无机黏合剂必须与金属颗粒之间界面张力高，能够润湿金属，热膨胀系数接近硅，烧成温度与浆料烧成温度接近。在硅铝界面，铝硅形成合金本身就有一种附着粘合作用，除此之外，无机黏合剂在界面层一边拉住铝，一边拉住硅，将铝和硅粘在一起。在铝膜外层将铝和铝粘在一起。铝膜的附着力也受使用工艺的影响，主要表现在以下几个方面。

① 烘干方式影响铝膜的附着力　温度相同条件下，烘干时间太长，载体挥发完全，粘接相尚未发挥作用，附着力下降。

② 烧结方式影响铝膜的附着力　温度相同条件下，烧结时间过长，附着力下降。烧结时间相同时，提高峰值温度，可以减少气孔率，提高铝粉颗粒致密程度，增加附着强度。

③ 铝膜印刷厚度影响附着力　铝膜太厚，致使铝浆中的黏合相未能得到足够的热量软化，从而未能发挥良好的粘接作用。

（4）弯曲度

由于铝浆中占主体的铝的热膨胀系数为 $\alpha_{Al}=24\times10^{-6}℃^{-1}$，而硅的热膨胀系数为 $\alpha_{Si}=2.3\times10^{-6}℃^{-1}$，铝的膨胀系数比硅大 10 倍左右，烧结后的电池片在冷却时，铝膜就具有更大的收缩趋势，从而表现出一定程度的弯曲。铝膜的曲率半径由下式近似计算：

$$\rho = \frac{E_{Si} h_{Si}^2 (1 - \nu_{Al})}{6 E_{Al} h_{Al} (1 - \nu_{Si})} \Delta\alpha \Delta T$$

其中　$\Delta\alpha$——铝层与硅的热膨胀系数差；

ΔT——烧成温度与室温的温差；

E_{Al}，E_{Si}——铝层与硅的弹性模量；

ν_{Al}，ν_{Si}——铝层与硅的泊松比；

h_{Al}，h_{Si}——铝层与硅片的厚度。

由上式可知，烧结后电池片的弯曲度主要受以下因素的影响。

① 硅片厚度　硅片越薄，弯曲越大。

② 印刷重量　减少印刷重量，则烧结后铝层厚度降低，有利于降低弯曲度。但是随着湿重减少，不利于形成均匀的背场，背表面复合速率随之上升，会降低电池的转换效率。

③ 烧结条件　峰值温度越高，烧结温度与室温温差越大，弯曲越大。

④ 浆料配方　浆料配方对翘曲度大小有很大影响。通过改变浆料中无机粘合剂的用量与种类、铝粉的形态与粒度分布，减小铝层收缩时产生的应力。另外，在铝浆中加入某些添加剂，降低铝浆体系的膨胀系数，对于减小电池片的弯曲度也有比较明显的作用。

第五节　制定烧结工艺作业指导书

根据烧结工艺操作流程，由学生负责制定烧结工艺作业指导书。作业指导书的形式如表8-2 所示。

表8-2　烧结工艺作业指导书

公司生产车间名称	文件名称:烧结工艺作业指导书	版本:A	
	文件编号:	修订:	
	文件类型:	撰写人:	第 ＊ 页共 ＊ 页

① 目的
② 适用范围
③ 职责
④ 主要原材料及半成品
⑤ 主要仪器设备及工具
⑥ 工艺技术要求
⑦ 操作规程
⑧ 工艺卫生要求
⑨ 注意事项

小结

　　烧结工艺主要是将前道丝网印刷工艺银浆、铝浆、银铝浆通过烧结的方法形成良好的欧姆接触，从而收集光生载流子。

烧结主要经过三个区域（烘干区、烧结区、冷却区）进行。由于烧结主要是形成合金，合金形成过程中需要严格控制温度、时间，故此在烧结作业中，需要严格控制气体流量、温度、带速（时间），从而得到良好的欧姆接触。

思考题

1. 烧结工艺的原理是什么？

2. 写出烧结工艺流程。

3. 烧结炉使用过程中有哪些注意事项？

4. 烧结工艺中有哪些影响因素？这些因素会带来什么影响？如何改进烧结工艺？

检测分级

【学习目标】

① 掌握检测分级的目的。

② 了解检测分级的原理。

③ 掌握检测分级的操作工艺流程。

④ 掌握检测分级的标准。

第一节　检测分级的目的和原理

1.检测分级的目的

通过分级检测，将性能相近的电池片进行分类包装，合格的电池片出厂，不合格的电池片进行回收再处理。

2.检测分级的原理

检测分级过程是在标准测试条件下，根据光伏电池等效电路测量光伏电池片开路电压、短路电流、效率、填充因子等参数，将电池片分成不同的类别。

（1）标准测试条件

① 光源辐照度：$1000\text{W}/\text{m}^2$。

② 测试温度：$25℃\pm2℃$。

③ 大气质量：AM1.5。

（2）光伏电池等效电路

① 理想光伏电池等效电路　理想光伏电池等效电路相当于一个电流为 I_{ph} 的恒流电源与一只正向二极管并联，流过二极管的正向电流称为暗电流 I_D，流过负载的电流为 I，负载两端的电压为 V，如图9-1所示。

② 实际光伏电池等效电路　在光伏电池中，由漏电流等产生旁路电阻 R_{sh}，由体电阻和电极的欧姆电阻产生串联电阻 R_s，实际的光伏电池电路图比理想的要复杂，如图9-2所示。

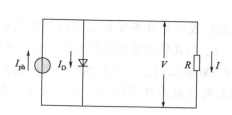 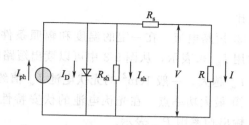

图 9-1 理想的光伏电池等效电路　　　图 9-2 实际的光伏电池等效电路

在 R_{sh} 两端的电压为 $V_j=V+I_{rs}R_{sh}$，因此流过旁路电阻 R_{sh} 的电流为：

$$I_{sh}=V/R_{sh}+I_{RS}$$

流过负载的电流：

$$I=I_{ph}-I_D-I_{sh}$$

暗电流 I_D 是注入电流和复合电流之和，可以简化为单指数形式：

$$I_D=I_{oo}\left(\exp\frac{qV_j}{A_0KT}-1\right)$$

式中　I_{oo}——光伏电池在无光照时的饱和电流；

　　　A_0——结构因子，它反映了 PN 结的结构完整性对性能的影响；

　　　K——玻尔兹曼恒量。

在理想情况下：$R_{sh}\to\infty$，$R_s\to 0$。由此得到：

$$I=I_{ph}-I_D$$
$$=I_{ph}-I_{oo}[\exp(qV/A_0KT)-1]$$

在负载短路时，即 $V_j=0$（忽略串联电阻），便得到短路电流，其值恰好与光电流相等

$$I_{sc}=I_{ph}$$

因此得出：

$$I=I_{ph}-I_D$$
$$=I_{sc}-I_{oo}[\exp(qV/A_0KT)-1]$$

在负载 $R\to\infty$ 时，输出电流$\to 0$，便得到开路电压 V_{oc}，其值由下式确定：

$$V_{oc}=\frac{A_0KT}{q}[\ln(I_{sc}/I_{oo})+1]$$

(3) 伏安 (I-V) 特性曲线

受光照的光伏电池，在一定的温度和辐照度以及不同的外电路负载下，流入负载的电流 I 和电池端电压 V 的关系曲线如图 9-3 所示。

① 开路电压　开路电压是在一定的温度和辐照度条件下，光伏发电器在空载（开路）情况下的端电压，通常用 V_{oc} 来表示，在图 9-3 中可以读出开路电压。光伏电池的开路电压与电池面积大小无关，通常单晶硅光伏电池的开路电压约为 $450\sim 600mV$，最高可达 $690mV$。光伏电池的开路电压与入射光谱辐照度的对数

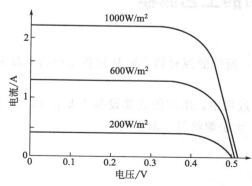

图 9-3 不同辐照度下电池的 I-V 特性曲线

成正比。

② 短路电流　在一定的温度和辐照条件下，光伏发电器在端电压为零时的输出电流，通常用 I_{sc} 来表示，从图9-3中可以读出短路电流。I_{sc} 与光伏电池的面积大小有关，面积越大，I_{sc} 越大。一般 $1cm^2$ 的光伏电池 I_{sc} 值约为 $16\sim30mA$。I_{sc} 与入射光的辐照度成正比。

③ 最大功率点　在光伏电池的伏安特性曲线上对应最大功率的点，又称最佳工作点。最大输出功率用 P_m 表示。

④ 最佳工作电压　将光伏电池伏安特性曲线上最大功率点所对应的电压，称为最佳动作电压。通常用 V_m 表示。

⑤ 最佳工作电流　将光伏电池伏安特性曲线上最大功率点所对应的电流，称为最佳工作电流。通常用 I_m 表示。

⑥ 转换效率　受光照光伏电池的最大功率与入射到该光伏电池上的全部辐射功率的百分比：

$$\eta = \frac{V_m I_m}{A_t P_{in}}$$

其中，V_m 和 I_m 分别为最大输出功率点的电压和电流；A_t 为光伏电池的总面积；P_{in} 为单位面积太阳入射光的功率。

⑦ 填充因子（曲线因子）　填充因子也叫曲线因子。填充因子是光伏电池的最大功率与开路电压和短路电流乘积之比，通常用 FF（或 CF）表示。

$$FF = \frac{I_m V_m}{I_{sc} V_{oc}}$$

式中　$I_{sc} V_{oc}$——光伏电池的极限输出功率；

　　　$I_m V_m$——光伏电池的最大输出功率。

填充因子是表征光伏电池性能优劣的一个重要参数。

⑧ 电流温度系数　在规定的试验条件下，被测光伏电池温度每变化10℃光伏电池短路电流的变化值，通常用 α 表示。对于一般晶体硅电池：

$$\alpha = +0.1\%℃^{-1}$$

⑨ 电压温度系数　在规定的试验条件下，被测光伏电池温度每变化10℃光伏电池开路电压的变化值，通常用 β 表示，对于一般晶体硅电池：

$$\beta = -0.38\%℃^{-1}$$

第二节　检测分级的工艺流程

1.准备工作

① 主要原材料　在电池片的检测分级过程中，所需的原材料主要是制备完毕的单晶电池片和多晶电池片。

② 主要仪器设备及工具　在电池片检测分级过程中，所用的仪器设备主要有EL自动测试仪、六角螺丝刀、标准电池片、一字螺丝刀、十字螺丝刀、无尘纸。

2.测试操作流程

(1) EL自动测试仪开机

① 检查电源是否都开启且处于待测状态〔启动键（绿色）是否处于快闪状态〕。

② 检查预定位与测试台处的螺母是否松动或脱落。

③ 检查颜色分挡软件是单晶还是多晶方案，下料盒中是否有结存。没结存时数量设置要清零。

④ 检查 I-V 分选软件打开的是单晶还是多晶分挡文件，同时要把数据命名改为当班日期及本班班序。如 2011-10-10 白 A。

⑤ 以上部分确定后可以开始校验标片。校标片时手动测试温度尽量与自动测试温度一致。

⑥ 完成以上操作后可调整到自动测试状态，并开始上料测试电池片。

⑦ 上料 装片时电池片要整齐，上料盒要卡紧。在测试中途上料时，要按一下绿色的 load 键。

（2）校准

① 停止测试，放置标片。

② 调到手动测试状态，依次点击手动界面→输入密码→OK→探针夹持上→定位→松开"定位"→返回键→探针上压→返回键→探针下压。最后界面如图 9-4 所示。

图 9-4 设置界面示意图

③ 打开测试软件（Berger），如图 9-5 所示。

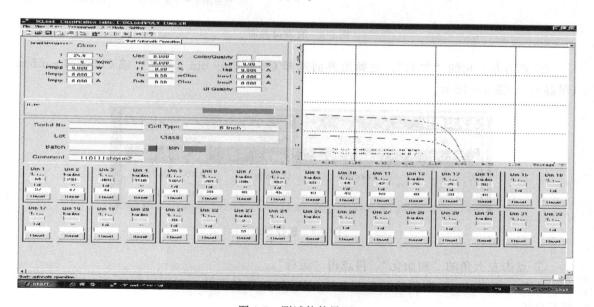

图 9-5 测试软件界面

④ 工具条中选择：Measurement→Edit Cell Type→Edit→将左下角 IV Curves 关闭（图 9-6）→OK→选择待测电池片的尺寸。

⑤ 校验标片　Measurement→Edit Monitor Cell→Edit→Monitor Calibration→Scold STD→OK→输入标片的功率 p→OK，然后点击黄色按钮手动测试几遍，使功率 P_m 达到标准值，并填写"校标记录表"。

⑥ 点击红色按钮（图 9-7），使软件处于自动测试状态。

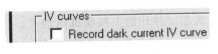

图 9-6　关闭 IV 曲线

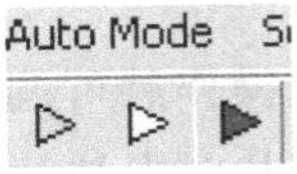

图 9-7　红色按钮图

⑦ 标片校准后，操作界面上下探针分别按"回原点"并返回到主界面。

⑧ 测试仪必须每 2 小时校准一次。校准之前在 Comment 中把命名改为"biaopianshuju"，校准完后改为原来的标记。

⑨ 标准片使用请参照标准片保存和使用规程。

(3) 颜色分选设置

① 打开软件界面并切换到管理员界面，如图 9-8 所示。

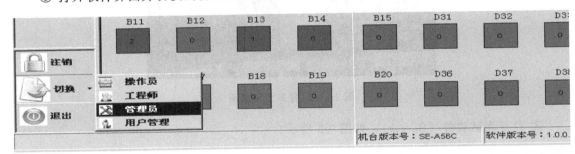

图 9-8　管理员界面

② 点击左上角的"方案"，在弹出界面选择 Color-Poly 6in（多晶）或 Color-Mono 5in（单晶），如图 9-9 所示。

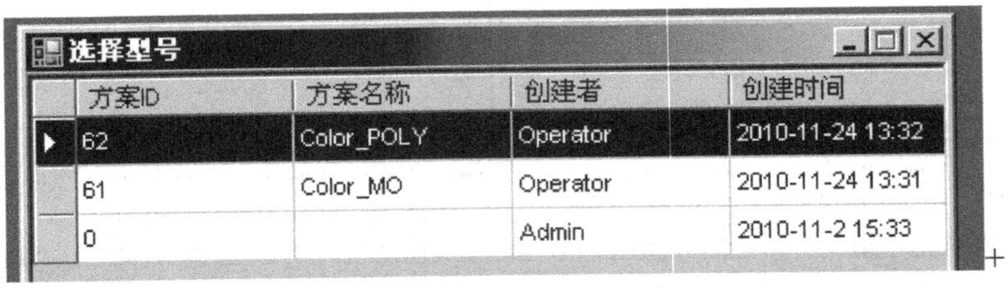

方案ID	方案名称	创建者	创建时间
62	Color_POLY	Operator	2010-11-24 13:32
61	Color_MO	Operator	2010-11-24 13:31
0		Admin	2010-11-2 15:33

图 9-9　选择界面

③ 点击左上角的"初始化"，再点击"运行"。

注意　检测时，定期删除硬盘下文件 SEI Mage 中的图片，否则导致磁盘空间不足而出现不分挡。

(4）单、多晶测试转换

① 调整预定位。

② 调整探针间距。

③ 颜色分挡软件切换至管理员界面，选择单、多晶方案。

④ 数量设置清零。

⑤ 下料盒数量重新设置。

⑥ I-V分选软件重新打开单、多晶分挡文件。

⑦ 重新校验标准。

(5）急停按钮的使用

① 清理皮带前段（上料手处）可能出现的重叠片。

② 接收流出的电池片。

③ I-V初始化后再运行。

(6）光强、手动测标片温度和自动测试温度的调节补偿

① 光强调节　Settings→Flasher，在窗口调节或输入参数并点击Set（图9-10）。

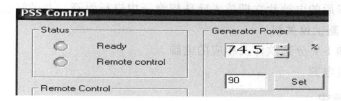

图9-10　光强调节

② 手动温度调节　Settings→PT100 Temperature，在Offset输入参数→点击set（图9-11）。

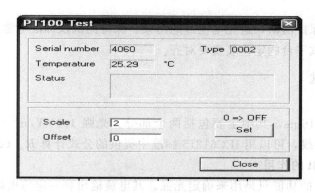

图9-11　手动温度调节

③ 自动测试温度调节　Settings→IR Temperature，在Offset输入参数→set。

(7）I-V界面清零和下料盒数量设置工作

① 清零下料盒数量设置　测试仪调为手动状态，参数设置→输入密码→OK→数量设置→清零。

② 重新设置下料盒数量。

(8) 探针的使用规范

① 每测试电池片 15 万次，由设备人员对探针进行更换。更换时填写"探针更换记录表"，由生产部、工艺部、品质部相关人员进行签名确认。

② 探针使用次数由工序长确认。

③ Bergen 测试仪有前后人机界面两个，取测试次数之和为该机台测试总数量。更换完探针后进行清零重新计数。

④ HALM 测试仪只有一个人机界面，该测试次数为此机台测试总和。更换完探针后进行清零，重新计数。

(9) 电池片外观检测

① 将电池片按测试值及分选要求（电流或功率）进行分类，具体分挡规则见相关文件。

② 重复以上两步直至所有待测电池片分选完毕。

③ 对分选完毕的电池片的正反面进行外观检查，按电池片相关规范进行 A、B 等级划分，然后按要求的数量进行封包（裁剪包装塑料收缩膜长度为 20cm±1cm，收缩机温度为 140～160℃，合理调整收缩机带速，以保证包装安全和外观的美观）。

④ 将封包完毕后的电池片立即放入珍珠棉盒子内进行保管，并做好相关记录。

(10) EL 自动测试仪关机

① 关闭颜色和 I-V 分选软件及相应的电脑。

② 关闭测试机电源。

3. 工艺卫生要求

① 绝对不允许用手直接接触硅片。

② 物品和工具定点放置，用过的工具要放回原位，严禁乱放。

③ 机台无碎片、无尘埃，定时更换或清洗真空小吸盘并填写"真空小吸盘更换记录表"。

④ 机台皮带要保持清洁，避免电池片的污染，保持测试仪标准电池的清洁，减小误差。

⑤ 电池片与测试平台的定位装置要对齐。

4. Berger 测试

(1) 测试原理

Pulse 长度超过 16ms，其中主要包括两个部分：光强 $1000W/m^2$ 部分和 $500W/m^2$ 部分。通过两条 I-V 曲线，可以用 IEC61215 标准中提供的公式计算 R_s（ΔI_{sc}）。

(2) Monitor Cell 的作用

① Monitor Cell 的功能只是用来确定光强。其电流输出到一定值电阻上，通过测量该电阻上的电压，确定 Monitor Cell 的短路电流，进而确定光强。

② 一级标准片用得不能过勤，可以用其来标定 Monitor Cell。

③ 二级标准片一般只能用 30～50 次。

(3) 测试点的分配

对于每一规格的电池，Berger 系统需要知道电池的面积和大致的电流密度，计算出 I_{sc}，并以此值为基础分配 I-V 曲线各段的测试点数量。其具体做法为：

① 在坐标系上找到（I_{sc}，V_{oc}）（V_{oc} 一般为变化不大），连接此点与原点；

② 找到（I_{sc}，$V_{oc}/3$），连接此点与原点；

③ 找到（I_{sc}，$2V_{oc}/3$），连接此点与原点；

④ 找到（$I_{sc}/2$，V_{oc}），连接此点与原点；

⑤ 这 4 条线加上两条坐标轴，把 I-V 曲线分割成 5 个部分，Berger 系统分配给每个部分 20 个测试点，以保证测试点在 I-V 曲线上分布均匀。

（4）I-V 曲线不完整的问题探讨

① I-V 曲线在 I_{sc} 端出现不完整，最可能是由高接触电阻造成的，还有测试探针（pin）损坏、电阻偏高或测试线内部出现损伤等。

② Berger 系统在电路中设置了一个正向的补偿电压（offset voltage），来补偿由于电路中寄生电阻造成的电压降。寄生电阻主要来自三个部分：一是探针和电池片的接触电阻，其典型值在 $100\sim150m\Omega$ 之间；二是可变负载，其最小值也不精确为零，因此需要补偿；三是电线的电阻。

③ 为了确保 I-V 曲线与 I 轴有交点，在测试的初始时刻，即 $T=0$ 时，测量电压应小于零。若寄生电阻过大，电压降超过补偿电压，则会造成测试电压初始值大于零，反应在 I-V 曲线上就是 I-V 曲线不完整，在 I_{sc} 端出现缺口（V 从一开始就大于 0）。

④ 为了确保测试数据的准确性，一般来说每半个月应更换一次测试探针，其寿命为 200 000 到 300 000 次。

⑤ 探针应垂直于电池表面。测试时探针缩短的长度应为自由时的 50%～70%。

⑥ 为了计算补偿电压，系统需要知道光伏电池的短路电流，并默认寄生电阻为一恒定值，两者的乘积即为补偿电压。这个短路电流是指系统测量得到的未加光强修正的电流，因此为了确保补偿电流设置准确，测试的光强应在 $900\sim1100W/m^2$ 之内。

5. 注意事项

① 测试时，测试员绝对不能离开测试仪。

② 给上料盒装片时，所有电池片要整齐，以免造成缺角和碎片，并不能太满。

③ 急停按钮必须在按复位键和启动键无效时，机器处于自动停机时方可按下。

④ 测试中发现卡片、碎片及缺角时，可暂停或触发感应器使机器暂停以便处理。

⑤ 下料盒要放置到位，以便下料手把电池片完全放入到位。

⑥ 下料时不要弄错颜色挡位。

⑦ 注意清理机器下料盒后边外的电池片。

⑧ 测试时，温度在 20～30℃，光强在 900～1100lx。

⑨ 每测试 40 万次更换氙灯，并填写"氙灯更换记录表"。

⑩ 在正常生产运行过程中，设备出现任何异常或报警，应及时通知设备、工艺、品质人员，生产现场需留守 1 人观察，但禁止操作。

⑪ 问题片必须统一在下班前再重测并要修改命名以示区别。

第三节　电池片检测分级管理

1. 判检工具

PVC 手套、日光灯、塞尺、外观判检模具、直尺、塑料垫片、插片盒、高密度泡沫盒、黑色油笔、口罩。

2. 判检作业条件

① 照度 800lx 日光灯下。

② 洁净水平的判检操作台面上。

③ 每片电池片自然水平放置于判检操作台面，不得人为挤压。

④ 佩戴 PVC 手套，轻拿轻放，保持 3s/片检片速度。

⑤ 统一由一个检验员先进行背面判检，再由另外的检验员进行正面判检，避免判检翻片过程中的电池片损伤。

⑥ 判检人员保持直立坐姿，从正上方（视线与判检水平桌面呈 80°～90°）对电池片进行观测，前胸距离电池片中心点水平距离约 16cm，人眼距离电池片中心点视线约 28cm。

3. 检验项目及标准

(1) 颜色色差 （图 9-12 和图 9-13，见书前彩页）

A 级

多晶电池片　单体电池的颜色均匀一致，颜色范围从蓝色开始，经深蓝色、红色、黄褐色到褐色之间允许相近色的色差（如蓝色和深蓝色同时存在于电池上，但不允许跳色），主体颜色为深蓝色。单体电池最多允许存在两种颜色。

单晶电池片　同一片电池片颜色均匀一致，颜色范围中没有褐色，其他标准同多晶硅的判断。

其他标准　单片上均匀一致的不同颜色的电池片，按照淡蓝、蓝色、红色三类进行分类。

B 级

多晶电池片　单体电池颜色不均匀，允许存在跳色色差，最多跳一个相近色（例如：允许红色和褐色存在于单体电池上），主体颜色为蓝色到红色范围。单体电池最多允许存在三种颜色。

单晶电池片　与多晶电池片相比，只是少了主体颜色，其余同 B 级多晶电池片的判别。

C 级

多晶电池片　同一片电池允许颜色不均匀（蓝色－深蓝色－红色－黄褐色－褐色），允许存在跳色色差，同一片电池片上可以有大于等于两个相近色。

单晶电池片　与多晶电池片相比，只是颜色范围中少了褐色，其余同 C 级多晶电池片的判别标准。

注意　当单片上均匀一致的不同颜色，判为 A 级，但要按照淡蓝、蓝色、红色三类进行单测单包。

(2) 绒面色斑 （水痕印、未制绒、未镀膜、手指印、斑点等，如图 9-14 所示，见书前彩页）

A 级　把绒面色斑分成两种类型：发白色斑和淡蓝色斑，允许有轻微缺陷，缺陷部分的总面积占电池片总面积的 10%，个数不超过 3 个。

① **发白色斑**　由于存在蓝色到白色的跳色，故 A 级片绒面色斑中绝不允许有发白色斑，缺陷总面积占电池片总面积的 0～30%，个数不超过 5 个，符合此标准的均为 B 级。

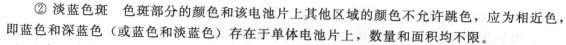

② 淡蓝色斑　色斑部分的颜色和该电池片上其他区域的颜色不允许跳色，应为相近色，即蓝色和深蓝色（或蓝色和淡蓝色）存在于单体电池片上，数量和面积均不限。

B 级　允许有轻微色斑、亮点、允许跳一个相近色，单体电池片允许存在三中颜色（例如：蓝色—白色、蓝色—红色），色斑部分的总面积不超过电池片总面积的 10％，个数不超过 3 个。

C 级　缺陷总面积超过电池片总面积的 30％，或者个数超过 5 个（注：完全没有镀膜的片子也称为 C 级降级片）。

其他标准　色斑总面积超过电池片总面积的 10％ 或者数量大于 3 个。

(3) 亮斑（图 9-15，见书前彩页）

A 级和 B 级片不允许有任何形状和数量的亮斑；C 级片允许有亮斑（数量与面积布线）；缺陷片与报废片对亮斑无要求。

(4) 裂纹、裂痕及针孔

① A 级、B 级和 C 级均要求无裂纹、无裂痕、无针孔，有裂痕的片子如图 9-16 所示（见书前彩页）。

② 缺陷片有一个或一个以上裂纹、裂痕，允许有针孔。

③ 废片对裂纹、裂痕及针孔无要求。

(5) 弯曲度

弯曲度是电池片中心面明显凹凸变形的一种变量。弯曲度的判定标准如表 9-1 所示。

表 9-1　弯曲度检验标准

厚度	检验要求及等级标准			
	A 级合格片	B 级合格片	C 级合格片	缺陷片/报废片
厚度≥240μm	103≤1.5mm 125≤1.75mm 150≤2.5mm 156≤2.5mm	1.5mm<103≤2.0mm 1.75mm<125≤2.5mm 2.5mm<150≤4.0mm 2.5mm<156≤4.0mm	103>2.0mm 125>2.5mm 150>4.0mm 156>4.0mm	无
厚度≤240μm	103≤1.5mm 125≤2.0mm 150≤2.5mm 156≤2.5mm	1.5mm<103≤2.0mm 2.0mm<125≤2.5mm 2.5mm<150≤4.0mm 2.5mm<156≤4.0mm	103>2.0mm 125>2.5mm 150>4.0mm 156>4.0mm	

(6) 崩边，缺口及掉角

① 电池边缘崩边和缺口

A 级　其长度小于等于 3mm，　深度小于等于 0.5mm　数量小于等于 2 处。

B 级　其长度小于等于 5mm，　深度小于等于 1.0mm　数量小于等于 3 处。

② 四角缺口

A 级　尺寸小于等于 1.5mm×1.5mm，　数量小于等于 1 处。

B 级　尺寸小于等于 2.0mm×2.0mm，　数量小于等于 1 处。

注意　单晶 A 级和 B 级均不允许有三角形缺口和尖锐形缺口，以上缺口均不可穿过电极（主栅线、副栅线）。

③ 超过 B 级范围

a. 单晶电池片超过了 B 级范围，就直接作为缺陷片。

b. 多晶电池片超过了 B 级范围，如符合 C 级需切角片的要求，可作为 C 级需切角片。需切角片如图 9-17 所示。

c. 多晶电池片允许边角有缺口（包括三角形缺口和尖锐形缺口）。对边角缺口要求如下：

125mm　任一边角缺损小于等于 18mm×18mm；

150mm　任一边角缺损小于等于 8mm×8mm；

156mm　任一边角缺损小于等于 14mm×14mm；

注意　多晶电池片超出了 C 级片的要求，作为缺陷片。完全破碎无利用价值的作为破碎片。

(7) 印刷偏移（图 9-18）

图 9-17　需切角片

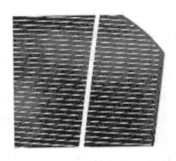

图 9-18　有印刷偏移的电池片

A 级　位移偏差≤0.5mm，角度偏差≤0.3°。

B 级　0.5mm＜位移偏差≤1.0mm，角度偏差≤0.3°。

C 级　位移偏差＞1.0mm，角度偏差＞0.3°。

缺陷片　电极图形超出 C 级降级片的范围（即 A 级、B 级、C 级均不允许电极图形超出光伏电池边缘，C 级背电场除外）。

报废片　对印刷偏移无要求。

(8) TTV（总厚度偏差）

TTV 是电池片厚度的最大值和最小值的差。对应电池片等级判别标准如下：

A 级　TTV 的变化＜电池片标称厚度的 15%；

B 级　TTV 的变化＜电池片标称厚度的 25%；

C 级　TTV 的变化≥电池片标称厚度的 25%；

缺陷/报废片　对 TTV 无要求。

注意　电池片标称厚度以硅片的标称厚度值为准（采取 5 点测量法），如图 9-19 所示。

(9) 铝珠、铝包（图 9-20，见书前彩页）

A 级　铝包不论其位置，铝包高度为≤75μm，数量不限。

B 级　铝包不论其位置，铝包高度为 75～150μm，数量不限。

C 级　铝包不论其位置，铝包高度为 150～200μm，数量不限。

图 9-19　测量 TTV

缺陷片/报废片 超过 C 级铝包范围的电池片，对铝珠、铝包无严格要求。

注意 以上铝包状况均为非尖锐形。如为尖锐形，则应交由制造人员进行返工（铝珠同尖锐形铝包的处理），返工后的铝包片需依据以上规则重新判定。

（10）印刷图形

① 主栅线

A 级 主栅线允许有轻微断线、缺失、扭曲、突出，断线和缺失面积不超过主栅线面积的 5%，扭曲突出不超过正常位置的 0.2mm，不允许有变色现象（烧焦、发黄）。

新标准 主栅线粗细均匀，不允许有断线、缺失、扭曲以及突出。

B 级 断线和缺失面积不超过主栅线面积的 10%，扭曲突出不超过正常位置的 0.2mm，不允许有变色现象（烧焦、发黄）。

新标准 主栅线粗细均匀，允许有轻微断线，缺失面积不超过 10%，扭曲突出不超过正常位置的 0.2mm，不允许有变色现象（烧焦、发黄）。

C 级 断线和缺失面积不超过主栅线面积的 20%，扭曲突出不超过正常位置的 0.5mm，允许有变色现象。

新标准 主栅线断线、缺失面积不超过主栅线总面积的 20%，扭曲、突出不超过正常范围。

② 副栅线

A 级 副栅线允许粗细不均匀，存在宽度大于 0.13mm 小于 0.18mm 的副栅线，断栅线≤6 条，断线距离≤2mm，允许有轻微虚印，缺失面积小于电极总面积的 5%。

新标准 副栅线清晰，允许有两条主栅线间存在断线，断开数量≤3 条，断开距离≤0.5mm，不允许有任何虚印、粗点、不允许有变色现象。

B 级 允许粗细不均匀，存在宽度≤0.25mm 的副栅线，断栅线≤10 条，断线距离≤2mm，允许有轻微的虚印，其面积小于等于电极总面积的 10%。

新标准 允许在两条主栅线间存在断线，其断开距离≥0.5mm，副栅线断开距离≤1mm。3 条≤断开数量≤6 条，允许有轻微虚印，面积小于副栅线总面积的 5%，不允许有变色现象。

C 级 允许粗细不均匀，存在宽度≤0.3mm 的副栅线，断栅线≤10 条，断线距离≤2mm，允许有轻微虚印，其面积小于等于电极面积的 30%。

新标准 副栅线 1mm≤断开距离≤2mm，断栅数量不限，轻微虚印面积小于电极总面积的 30%。

③ 背电极

A 级 背电极允许有断线、缺失、扭曲、突出，断线和缺失面积不超过背电极面积的 5%，扭曲突出不超过正常位置的 0.5mm，变色面积不超过背电极总面积的 5%。

新标准 背电极图形清晰，粗细均匀，不允许有断线缺失、扭曲以及突出，不允许有变色现象。

B 级 背电极断线和缺失面积不超过背电极面积的 10%，扭曲、突出不超过正常位置的 1.0mm，变色面积不超过背电极总面积的 5%。

新标准 背电极断线、缺失面积不超过背电极总面积的 5%，扭曲、突出不超过正常位置的 0.5mm，变色面积不超过背电极总面积的 5%。

C 级　背电极断线和缺失面积不超过背电极面积的 30%，扭曲、突出不超过正常位置的 1.0mm，变色面积不超过背电极总面积的 20%。

新标准　背电极断线、缺失面积不超过背电极总面积的 30%，扭曲、突出不超过正常位置的 1.0mm，变色面积不超过背电极总面积的 20%。

④ 背电场

A 级　背电场完整，厚薄不均，允许有缺失，缺失面积不超过背电场总面积的 5%，变色面积不超过背电场总面积的 15%。

新标准　背电场完整，厚薄均匀，不允许有缺失。

B 级　允许有缺失，缺失面积不超过背电场总面积的 10%，变色面积不超过背电场总面积的 30%。

新标准　允许有缺失，缺失面积不超过背电场总面积的 5%，变色面积不超过背电场总面积的 15%。

C 级　允许有缺失，缺失面积大于背电场总面积的 10%，变色面积不超过背电场总面积的 50%。

新标准　允许有缺失，缺失面积大于背电场总面积的 5%，变色面积不超过背电场总面积的 50%。

⑤ 粗点（图 9-21，见书前彩页）

A 级　粗点宽度≤0.18mm，个数≤2 个。

新标准　不允许有粗点。

B 级　粗点宽度≤0.25mm，个数≤5 个。

新标准　允许有粗点，粗点宽度≤0.18mm，个数≤2 个。

C 级　粗点宽度≤0.3mm，个数≤8 个。

新标准　粗点宽度≤0.25mm，个数≤5 个

注意　主栅线或副栅线有明显的粗细不均时，应用刻度显微镜进行检查。

⑥ 缺陷片

a. 主栅线或副栅线或背电场超出 C 级降级片的要求，但仍有利用价值的片子。

b. 由于储存不当造成电极氧化时，直接以报废片处理。

c. 仅印刷烘干面没有烧结的电池片，如果还有利用价值，则作为缺陷片处理。

d. 完全未印刷背电场的电池片作缺陷片处理。

e. 叠片仍有利用价值的作为缺陷片。如完全叠片，则作为报废片处理，如图 9-22 所示（见书前彩页）。

⑦ 报废片　超出缺陷片要求的属于报废片。出现印刷图形异常的原因如下。

a. 电极脱落（叠片）　硅片与浆料没有形成足够的合金层。也就是说没有形成好的接触。

b. 断线　有东西粘在网版上，造成堵网。

解决办法　擦拭网版或擦拭堵网区域。

c. 网版有破洞。

解决办法　较小且不在细栅线上，用封网浆小孔封住即可。较大时必须更换网版。注意漏浆千万不要漏在正面电极上，这样会使 R_{sh}（并联电阻）过低。

d. 粗点　网版受损，刮条不平整。

解决办法　换网版，换刮条。

e. 虚印　有时会由于原材料原因导致锯痕，厚薄不均，跟刮条和网版有关。

解决办法　换网版，换刮条。

（11）漏浆（图 9-23，见书前彩页）

A 级　漏浆单个面积小于 $0.5 \times 0.5 \text{mm}^2$，数量小于 3 个。

B 级　漏浆单个面积小于 $1.0 \times 1.0 \text{mm}^2$，数量不限。

C 级　漏浆单个面积小于 $1.0 \times 2.0 \text{mm}^2$，数量不限。

缺陷/报废片　超出 C 级片要求的为缺陷片，超出缺陷片要求的为报废片。

注意　① 正常印刷图形上时，按照"印刷图形"规定判定，不在印刷图形上时按照如上规定判别。

② 漏浆在背电场或背电极时，依据铝包要求判定。

③ 漏浆在侧面时，如果影响电池片电性能和外观，则返工后重新分类检测，然后重新判定，如果不影响电池片电性能和外观，则正常流出。侧面漏浆片做打磨片处理，打磨处理方式为非铝包片一律外销，零头和满包全入外销库位。

④ 硅晶脱落按漏浆面积判定。

（12）外形尺寸

A 级和 B 级

例：① 125s　边长：$125\text{mm} \times 125\text{mm}$，直径：150mm、或 148mm、或 165mm。

② 125m　边长：$125\text{mm} \times 125\text{mm}$。

③ 150n　边长：$150\text{mm} \times 150\text{mm}$，直径：203mm 或者 200mm。

④ 150m　边长：$150\text{mm} \times 150\text{mm}$。

⑤ 156n　边长：$156\text{mm} \times 156\text{mm}$，直径：203mm 或者 200mm。

⑥ 156m　边长：$156\text{mm} \times 156\text{mm}$。

注意　以上电池片边长（长，宽），精度要求为 $\pm 0.5\text{mm}$。

C 级　尺寸精度 $\leqslant \pm 1.0\text{mm}$。

缺陷片/报废片　超出 C 级片要求的片子。

第四节　检测设备使用与管理

1. 设备简介

光伏电池片工艺缺陷检测仪（EL-C01），是依据光致发电原理对电池片进行缺陷检测及生产工艺监控的专用测试设备。设备的硬件规格如表 9-2 所示。

2. 操作步骤

（1）开启电脑

确认相机 USB 接头与电脑连接。

表 9-2　EL 检测设备硬件规格

型号	EL-C01	接触方式	探针双（三）栅多点接触
拍摄模式	单相机直射式	相机 Sensor 生产商	Sony
应用类型	离线(offline)监控	相机类型	冷却型 CCD(−10℃)
监控点	烧结后	分辨率	1360×1024
样品平台	垂直接触式	影像采集时间	1~60s 可调
样品最大尺寸	156mm×156mm；125mm×125mm	最大电流/电压驱动	10A/30V

（2）开启 Solar Cell Electro Luminescence Tester 软件

（3）电池片正向偏压测量

① 首先确认转换开关，拨到"1"位置，如图 9-24 所示。

图 9-24　转换开关（1 挡为正向偏压测量、2 挡为反向偏压测量）

② 打开暗室门，向上拨动气动开关，使探针抬起。

③ 放置电池片紧靠两限位块。

④ 向下拨动气动开关，使探针压下，确认每排探针与电池片主栅线接触。

⑤ 关上暗室门，确认正向偏压电流设置。

⑥ 软件选择 Operator 模式-图片并进行命名并选择保存路径，点击 Capture，实现图片存储，如图 9-25 所示。

⑦ 拍摄完成，打开暗室，向上拨动启动开关，使探针抬起，更换电池片，重复以上步骤。

（4）电池片反向偏压测量

① 首先确认转换开关，拨到"2"位，如图 9-24 所示。

② 打开暗室门，向上拨动气动开关，使探针抬起。

③ 放置电池片紧靠两限位块。

④ 向下拨动气动开关，使探针压下，确认每排探针与电池片主栅线接触。

⑤ 关上暗室门，确认反向偏压电压设置。

⑥ 软件选择 Operator 模式-图片并进行命名并选择保存路径，单击 Capture，实现图片

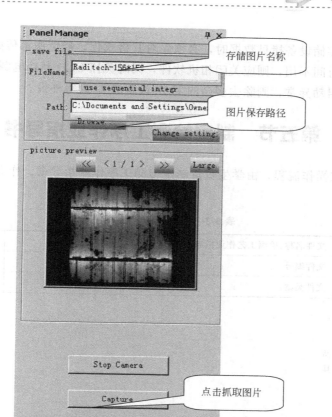

图 9-25　图片处理路径

存储。

⑦ 拍摄完成，打开暗室，向上拨动启动开关，使探针抬起，更换电池片，重复以上步骤。

3. 测量调试参数设置

① 软件参数设置　通常情况测试时间（exposure）设置为 15s，增益（gain）设置为 40，对比度（contrast）设置为 5，伽马（gamma）设置为 2。

② 电源参数设置　一般情况电池片正向偏压测量时，125mm×125mm 电池片电流设置 5A，156mm×156mm 电池片电流设置为 7.5A。电池片反向偏压测量时，一般电压设置为 12V。

4. 设备操作注意事项

① 禁止触碰相机及镜头。

② 禁止随意触动探针栅线及探针。

③ 保持暗室及 EL 机构清洁，保持设备供电正极（即铜制电池片放置平台）整洁。

④ 在 156mm×156mm 电池片与 125mm×125mm 电池片分别测量更换探针栅线时，注意要更换限位块的位置，两种电池片切换时，探针栅线两侧探针的拔插应避免正负极短路或

电流不均匀。

⑤ 使用移动存储设备拷贝数据时，必须先对其格式化，避免病毒传染。

⑥ 如若一段时间不用，则应关闭相机软件，同时关掉 CCD 制冷电源。

⑦ 如若软件启动异常，则除去多余的 USB 设备或 U 盘等外设。

第五节　制定检测工序作业指导书

根据检测工艺操作流程，由学生负责制定检测工序作业指导书。作业指导书的形式如表9-3 所示。

表 9-3　检测工序作业指导书

公司生产车间名称	文件名称:检测工艺作业指导书	版本:	
	文件编号:	修订:	
	文件类型:	撰写人:	第 ＊ 页 共 ＊ 页

① 目的
② 适用范围
③ 职责
④ 主要原材料及半成品
⑤ 主要仪器设备及工具
⑥ 工艺技术要求
⑦ 操作规章
⑧ 工艺卫生要求
⑨ 注意事项

 小结

　　本章主要介绍了检测分级的目标、原理、分级的标准、常见检测设备的操作工艺流程。通过本项目的学习，读者能够独自制定检测工艺作业指导书，能够独自对电池片进行分级处理等操作。

思考题

1. 检测分选的工艺原理是什么？

2. 常见 A、B 等级的区分标准有哪些？

3. 光伏电池片分级操作的工艺如何进行？

模块 ➕

电池片事业部管理

【学习目标】

① 掌握建立与取消电池片生产任务。
② 掌握电池片仓管管理要点。
③ 熟悉 7S 管理。

第一节　建立电池片车间产品工艺流程

电池片生产工艺过程中，生产任务的建立与取消由事业部统一进行管理。下面以电池片生产工艺的制绒、烧结部分为例，进行生产任务的建立与取消管理。

1. 产品与工艺流程建立关系

在产品设置功能中，在初始页选择一个已建立的产品，点击"编辑"进入编辑产品功能页面，如图 10-1 所示。

产品设置

基本信息

产品号 PROD-ZT125M-001A 🖰

〔编辑〕〔重置〕〔返回〕

图 10-1　编辑产品功能页面图

然后在编辑产品功能页面下方，可以选择一个新的工艺流程号，并添加到产品的工艺流程信息列表中；也可以从工艺流程信息列表中删除已有的工艺流程号，重新添加其他的工艺流程。在创建批次时，所选的产品下必须挂靠至少一个工艺流程，否则不能创建批次。一个产品下可以挂靠多个工艺流程，如图 10-2 所示。

（1）电池片领料

在系统中选择电池片车间登录，打开领料功能初始页。填入领料项目号、工单号等信息，其中产品号填入的值是之前产品设置功能中的产品类型为"电池片"的产品号，如图

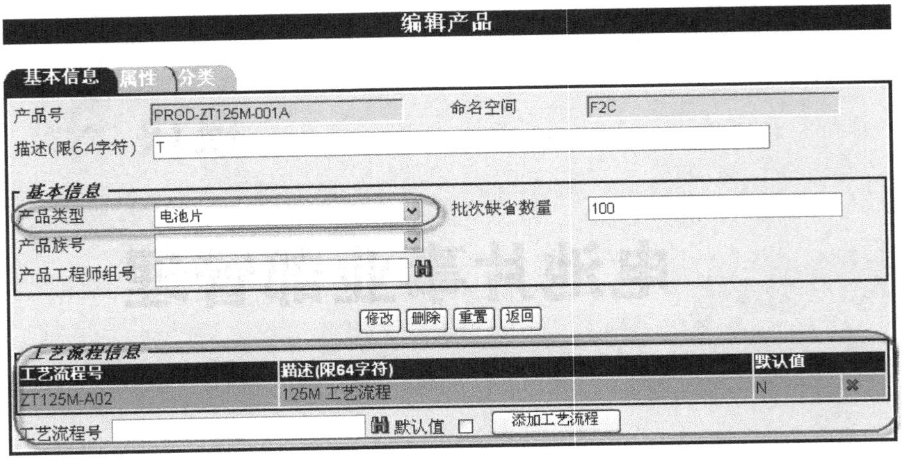

图 10-2   电池片领料、创建批次业务

10-3 所示。

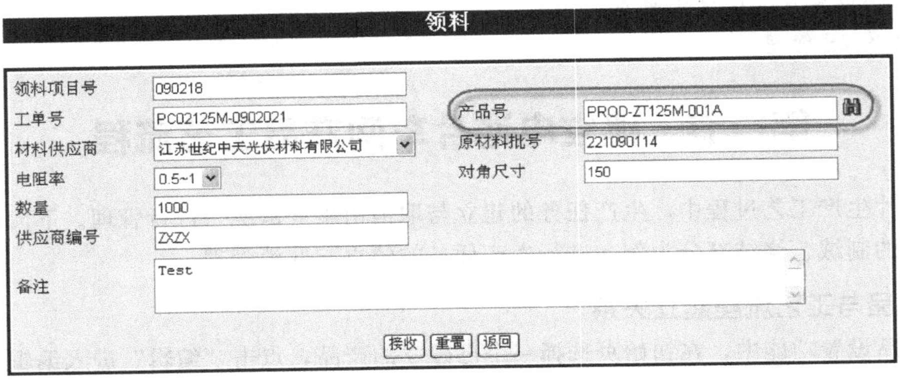

图 10-3   领料示意图

领料成功后，显示该领料项目号在库房中的记录（库房信息如图 10-4 所示）。如果该领料项目号之前已经领过料，则材料信息中的接收数量显示的是原来领料的数量减去已消耗的数量，再加上新领料的数量的汇总数据。

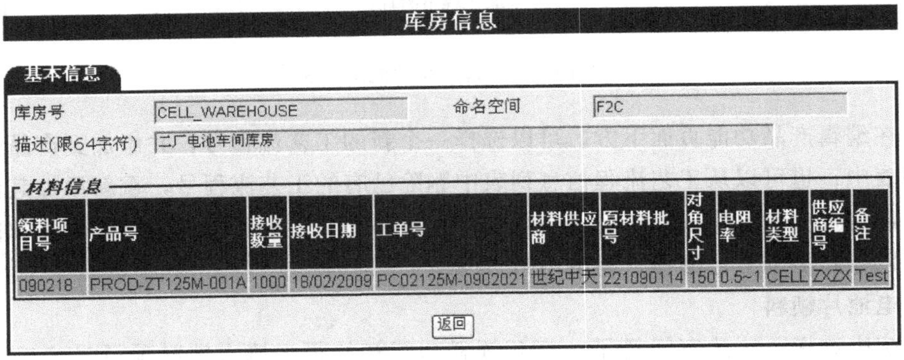

图 10-4   领料项目在库房中的信息图

（2）批量创建电池片批次

打开"批量创建电池片批次"功能，在初始页面上的领料项目号，选择之前领料的领料项目号，设定要创建的批次个数、批次的创建类别，然后点击"确认"，进入创建批次页面，如图 10-5 所示。

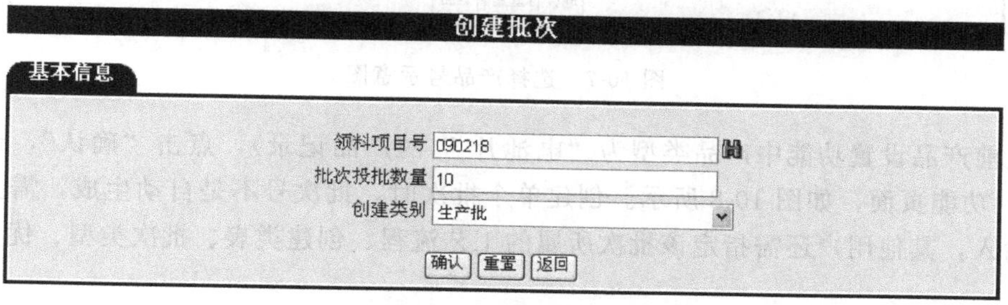

创建批次

┌─ 基本信息 ─┐

领料项目号 `090218`

批次投批数量 `10`

创建类别 `生产批`

[确认] [重置] [返回]

图 10-5　创建批次页面

批量创建的电池片批次的批次号是按照规则自动生成的。用户在图 10-6 所示页面选择设定好批次所属的工艺流程、批次类型、优先级、计划交付日期、每个批次的数量等基本信息后，点击"下一步"按钮就可以创建出批次。

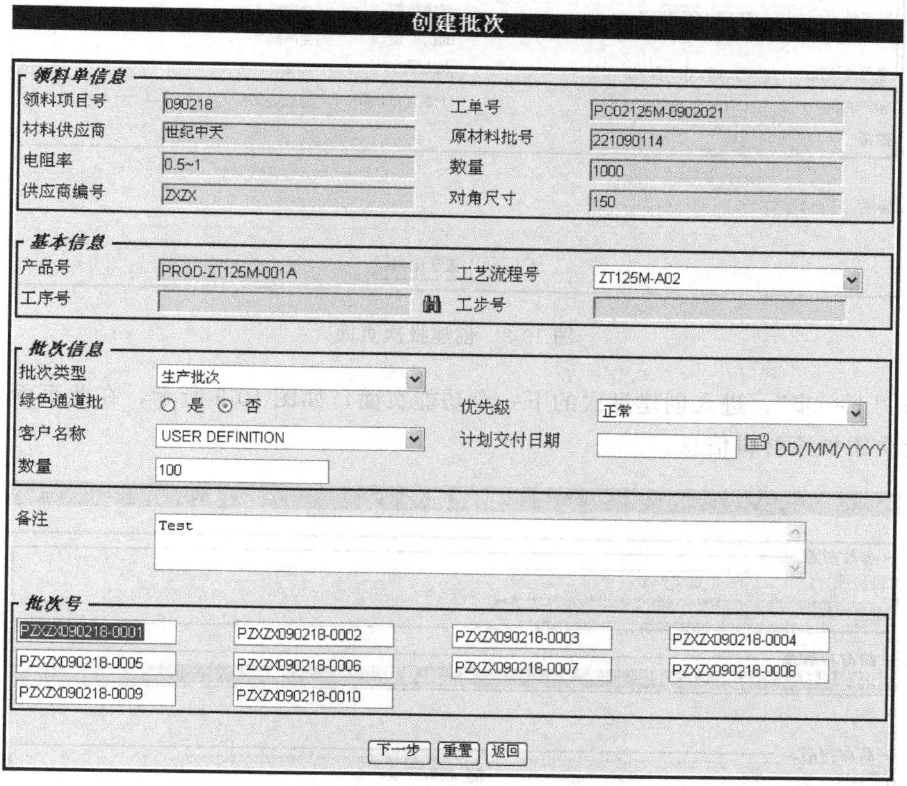

创建批次

┌─ **领料单信息** ─┐

领料项目号	`090218`	工单号	`PC02125M-0902021`
材料供应商	`世纪中天`	原材料批号	`221090114`
电阻率	`0.5~1`	数量	`1000`
供应商编号	`ZXZX`	对角尺寸	`150`

┌─ **基本信息** ─┐

产品号	`PROD-ZT125M-001A`	工艺流程号	`ZT125M-A02`
工序号		工步号	

┌─ **批次信息** ─┐

批次类型	`生产批次`		
绿色通道批	○ 是 ◉ 否	优先级	`正常`
客户名称	`USER DEFINITION`	计划交付日期	`DD/MM/YYYY`
数量	`100`		

备注 `Test`

┌─ **批次号** ─┐

`PZXZX090218-0001`	`PZXZX090218-0002`	`PZXZX090218-0003`	`PZXZX090218-0004`
`PZXZX090218-0005`	`PZXZX090218-0006`	`PZXZX090218-0007`	`PZXZX090218-0008`
`PZXZX090218-0009`	`PZXZX090218-0010`		

[下一步] [重置] [返回]

图 10-6　批量创建电池片批次

（3）创建批次（电池片）

打开"创建批次（电池片）"功能，如图 10-7 所示，先选择一个产品号（这里的产品

图 10-7　选择产品号示意图

号也是之前产品设置功能中产品类型为"电池片"的产品记录），点击"确认"，进入"创建批次"功能页面，如图 10-8 所示。创建单个批次时，批次号不是自动生成，需要用户自己手工输入，其他用户还需指定该批次所属的工艺流程、创建类表、批次类型、优先级等基础信息。

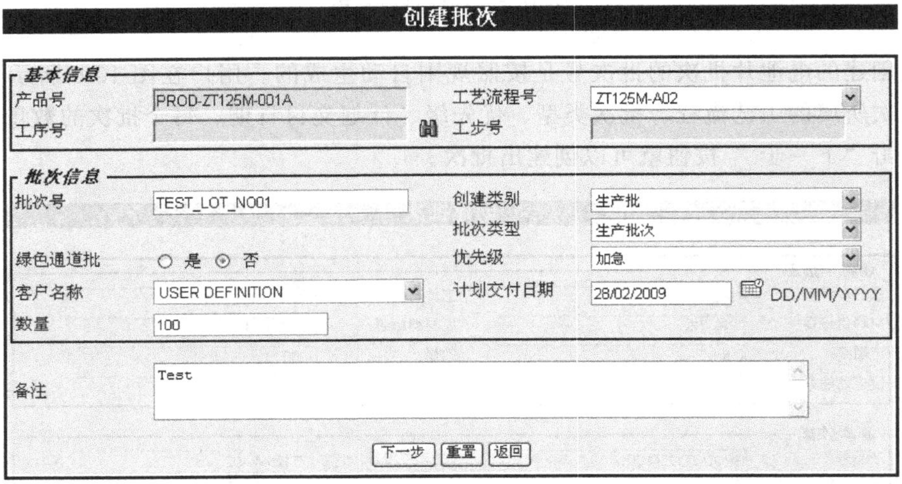

图 10-8　创建批次页面

点击"下一步"，进入创建批次的下一个功能页面，如图 10-9 所示，在此页面上为所要创建的批次添加原材料信息。

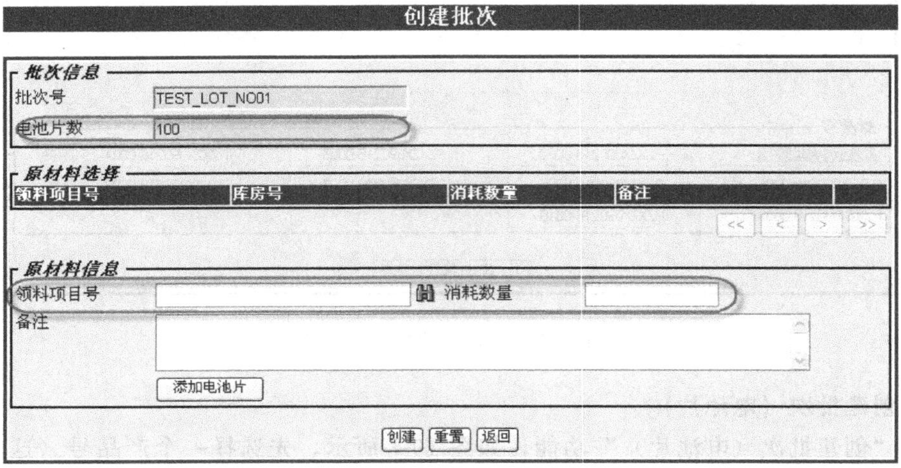

图 10-9　创建批次功能页面

在添加原材料时，选择领料项目号并填写消耗数量。如图 10-10 所示，所要创建的电池片批次的数量为 100。当一个领料项目号的剩余数量不够 100 时，可以选择多个领料项目号，这些领料项目号的消耗数量总和为 100；也可以直接选择一个领料项目号，其消耗数量为 100；选择好原材料后，点击"创建"按钮即可以创建出批次，如图 10-10 所示。

图 10-10　添加原材料信息

2. 车间作业（开始作业、结束作业）业务

（1）管理批次上的开始作业

打开"管理批次上的作业"功能页面（图 10-11），在入口页面输入需要作业的批次号，然后点击"确认"进入作业页面，如图 10-12 所示。

图 10-11　管理批次作业功能页面

在图 10-12 "管理批次上的作业"的功能页面，从页面下方的可用设备列表中选择一个设备，点击"开始作业"，进入开始作业的功能页面，如图 10-13 所示。在图中继续点击"开始作业"，系统页面显示批次已经开始作业，如图 10-14 所示。

（2）管理批次上的结束作业

在"管理批次上的作业"功能入口，输入之前开始作业的批次号（图 10-15），然后点击"确认"进入图 10-16 所示页面后，点击"结束作业"按钮，进入结束作业的功能页面，

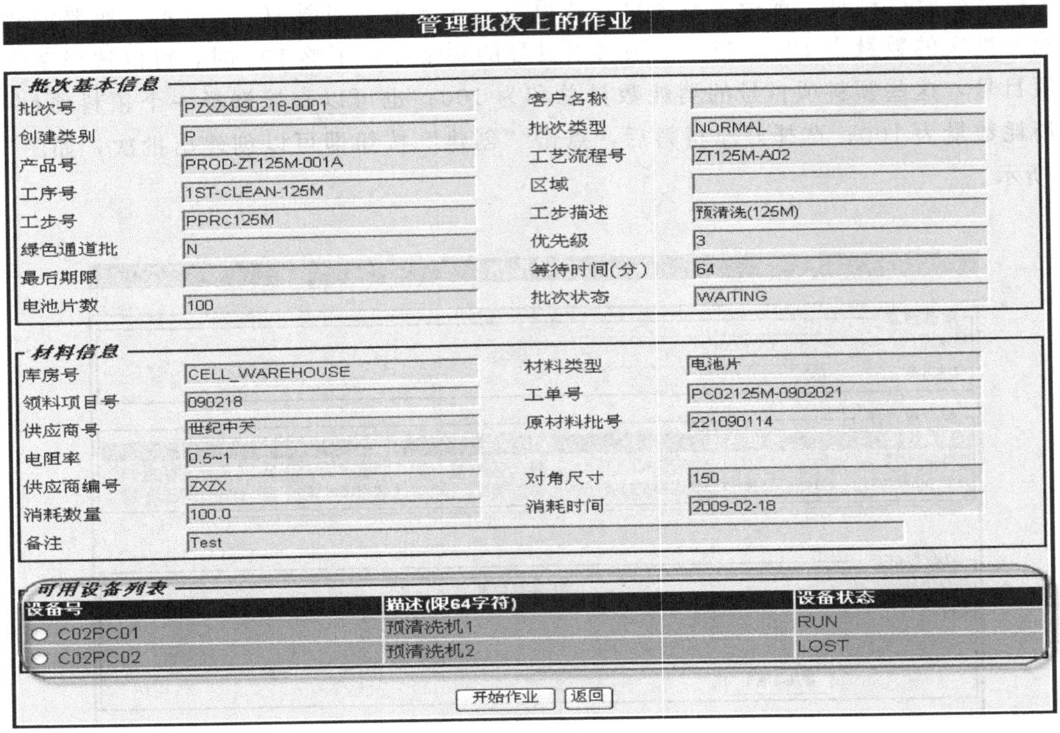

管理批次上的作业

批次基本信息

批次号	PZXZX090218-0001	客户名称	
创建类别	P	批次类型	NORMAL
产品号	PROD-ZT125M-001A	工艺流程号	ZT125M-A02
工序号	1ST-CLEAN-125M	区域	
工步号	PPRC125M	工步描述	预清洗(125M)
绿色通道批	N	优先级	3
最后期限		等待时间(分)	64
电池片数	100	批次状态	WAITING

材料信息

库房号	CELL_WAREHOUSE	材料类型	电池片
领料项目号	090218	工单号	PC02125M-0902021
供应商号	世纪中天	原材料批号	221090114
电阻率	0.5~1		
供应商编号	ZXZX	对角尺寸	150
消耗数量	100.0	消耗时间	2009-02-18
备注	Test		

可用设备列表

设备号	描述(限64字符)	设备状态
○ C02PC01	预清洗机1	RUN
○ C02PC02	预清洗机2	LOST

开始作业　返回

图 10-12　管理批次作业页面

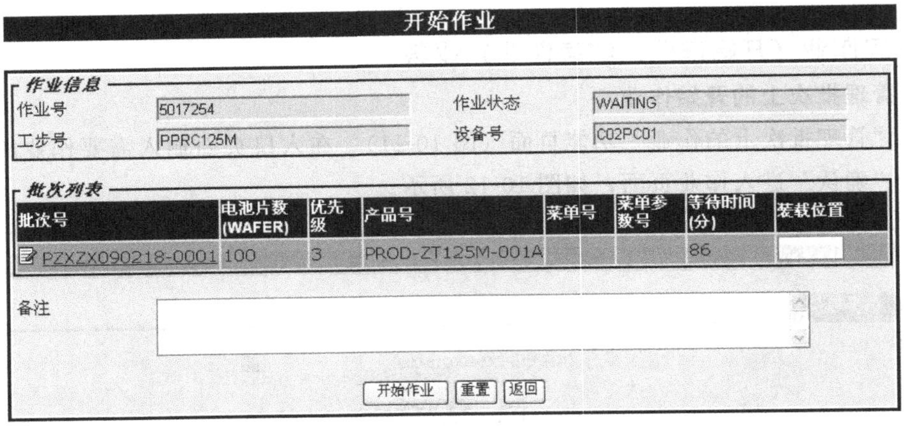

开始作业

作业信息

作业号	5017254	作业状态	WAITING
工步号	PPRC125M	设备号	C02PC01

批次列表

批次号	电池片数(WAFER)	优先级	产品号	菜单号	菜单参数号	等待时间(分)	装载位置
☑ PZXZX090218-0001	100	3	PROD-ZT125M-001A			86	

备注

开始作业　重置　返回

图 10-13　开始作业功能页面

当前工步信息

当前工步信息

批次号	产品号	工艺流程号	工步号
PZXZX090218-0001	PROD-ZT125M-001A	ZT125M-A02	PPRC125M

批次已经开始作业…

图 10-14　作业工步信息

管理批次上的作业

基本信息

批次号 PZXZX090218-0001

确认　重置　返回

图 10-15　开始作业的批次号

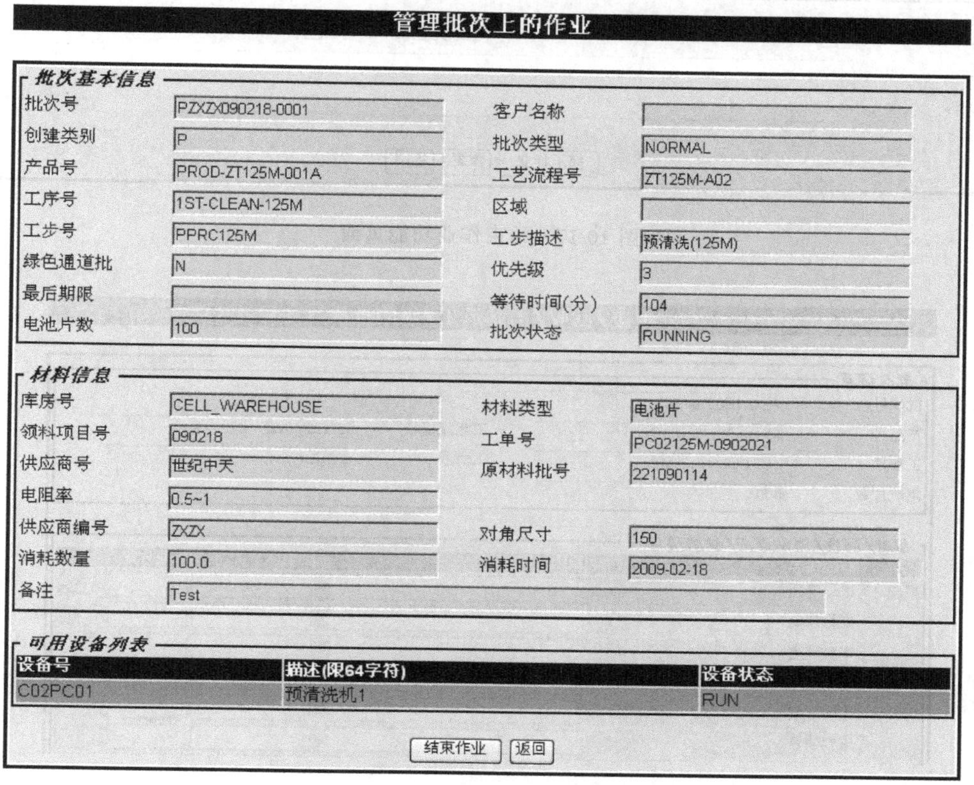

管理批次上的作业

批次基本信息

批次号	PZXZX090218-0001	客户名称	
创建类别	P	批次类型	NORMAL
产品号	PROD-ZT125M-001A	工艺流程号	ZT125M-A02
工序号	1ST-CLEAN-125M	区域	
工步号	PPRC125M	工步描述	预清洗(125M)
绿色通道批	N	优先级	3
最后期限		等待时间(分)	104
电池片数	100	批次状态	RUNNING

材料信息

库房号	CELL_WAREHOUSE	材料类型	电池片
领料项目号	090218	工单号	PC02125M-0902021
供应商号	世纪中天	原材料批号	221090114
电阻率	0.5~1		
供应商编号	ZXZX	对角尺寸	150
消耗数量	100.0	消耗时间	2009-02-18
备注	Test		

可用设备列表

设备号	描述(限64字符)	设备状态
C02PC01	预清洗机1	RUN

结束作业　返回

图 10-16　结束作业管理页面

如图 10-17 所示。再点击"结束作业"按钮，进入填写 LBRD 信息的页面，如图 10-18 所示。

在填写 LBRD 信息页面下方，点击"确认"按钮，结束该批次在当前工步上的作业，进入流程中的下一工步。

（3）管理设备上的开始作业

打开"管理设备上的作业"功能页面，在入口"选择设备"页面刷入设备 Barcode 或者点选设备号超链接进入作业页面，部分设备情况如图 10-19 所示。

在"管理设备上的作业"的功能页面中，刷批次 Barcode，安排批次开始作业，如图 10-20 所示。

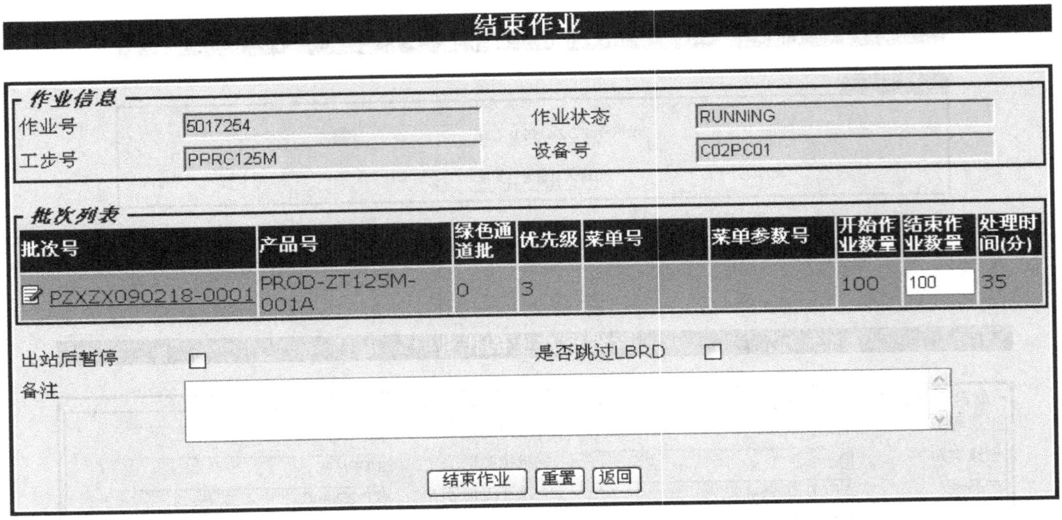

结束作业

作业信息

作业号	5017254	作业状态	RUNNING
工步号	PPRC125M	设备号	C02PC01

批次列表

批次号	产品号	绿色通道批	优先级	菜单号	菜单参数号	开始作业数量	结束作业数量	处理时间(分)
PZXZX090218-0001	PROD-ZT125M-001A	0	3			100	100	35

出站后暂停　☐　　　　　是否跳过LBRD　☐

备注 [　　　　　　　　　　　　　　　　　]

[结束作业] [重置] [返回]

图 10-17　结束作业功能页面

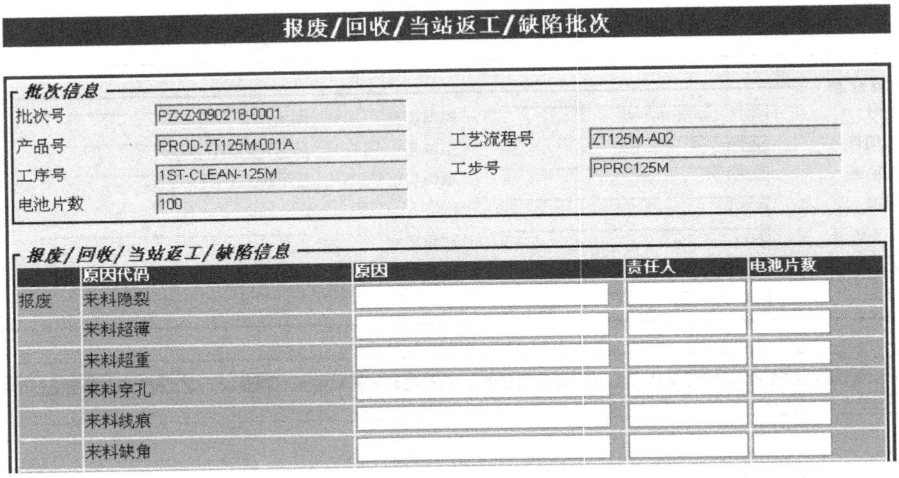

报废/回收/当站返工/缺陷批次

批次信息

批次号	PZXZX090218-0001		
产品号	PROD-ZT125M-001A	工艺流程号	ZT125M-A02
工序号	1ST-CLEAN-125M	工步号	PPRC125M
电池片数	100		

报废/回收/当站返工/缺陷信息

	原因代码	原因	责任人	电池片数
报废	来料隐裂			
	来料超薄			
	来料超重			
	来料穿孔			
	来料线痕			
	来料缺角			

图 10-18　LBRD 信息页面

选择设备

条码信息

条码 [C02PC02]

可操作设备列表

设备号	设备描述	当前状态
C02DF01	扩散炉管1	LOST
C02DF02	扩散炉管2	LOST
C02DF03	扩散炉管3	LOST
C02DF04	扩散炉管4	LOST
C02DF05	扩散炉管5	RUN
C02DF06	扩散炉管6	RUN
C02DF07	扩散炉管7	RUN
C02DF08	扩散炉管8	LOST

图 10-19　选择设备示意图

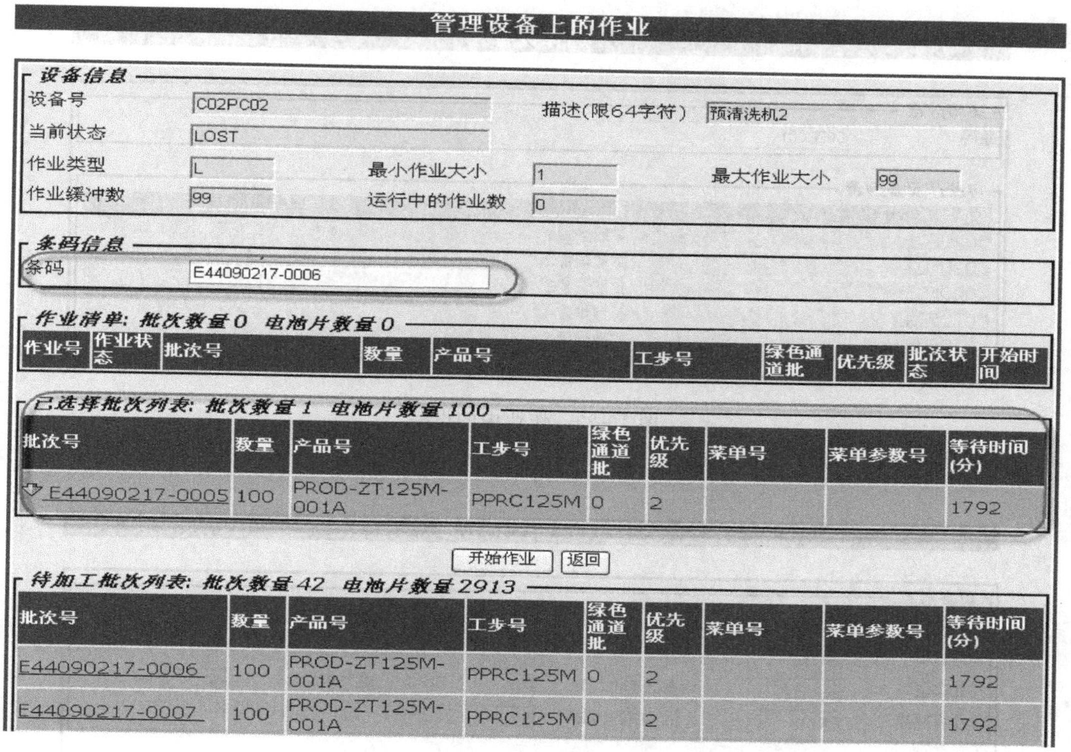

管理设备上的作业

设备信息

设备号	C02PC02	描述(限64字符)	预清洗机2
当前状态	LOST		
作业类型	L	最小作业大小 1	最大作业大小 99
作业缓冲数	99	运行中的作业数 0	

条码信息

条码 E44090217-0006

作业清单: 批次数量 0 电池片数量 0

作业号	作业状态	批次号	数量	产品号	工步号	绿色通道批	优先级	批次状态	开始时间

已选择批次列表: 批次数量 1 电池片数量 100

批次号	数量	产品号	工步号	绿色通道批	优先级	菜单号	菜单参数号	等待时间(分)
E44090217-0005	100	PROD-ZT125M-001A	PPRC125M	0	2			1792

开始作业　返回

待加工批次列表: 批次数量 42 电池片数量 2913

批次号	数量	产品号	工步号	绿色通道批	优先级	菜单号	菜单参数号	等待时间(分)
E44090217-0006	100	PROD-ZT125M-001A	PPRC125M	0	2			1792
E44090217-0007	100	PROD-ZT125M-001A	PPRC125M	0	2			1792

图 10-20　安排批次作业

在创建设备上作业时,一个作业根据设备上的平均作业值的大小,可以包含一个或多个批次。如果设备上的平均作业值大于1,则创建作业时,所选批次的数量还没有达到设备上的平均作业大小,需要生成作业,需要操作者手工点击"开始作业"按钮生成作业。当所选的批次数量达到设备上的平均作业大小值时,则会自动生成作业,转入开始作业页面,如图10-21所示。

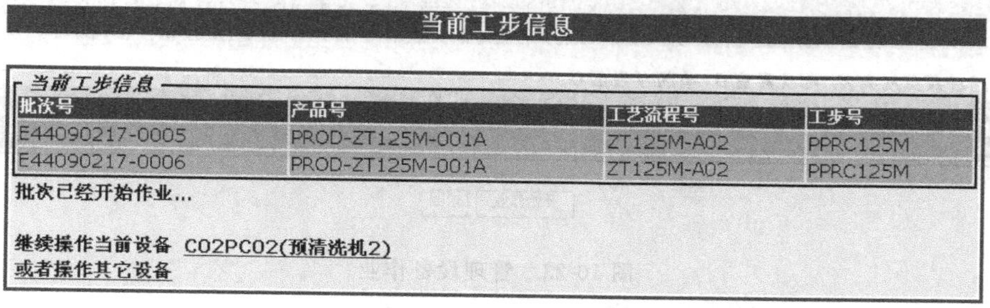

当前工步信息

当前工步信息

批次号	产品号	工艺流程号	工步号
E44090217-0005	PROD-ZT125M-001A	ZT125M-A02	PPRC125M
E44090217-0006	PROD-ZT125M-001A	ZT125M-A02	PPRC125M

批次已经开始作业……

继续操作当前设备 C02PC02(预清洗机2)
或者操作其它设备

图 10-21　批次作业信息

在"管理批次上的作业"入口"选择设备"页面,输入之前作业批次所用的设备号,如图 10-22 所示。

从图 10-23 所示页面的设备号上的作业清单中可以看到之前开始作业的批次,在页面的条码文本框中刷入批次的 Barcode 或者点击作业号超链接进入结束作业页面。

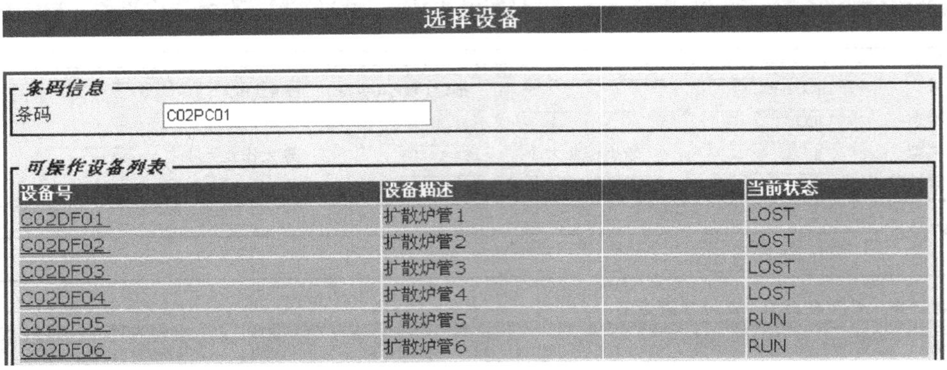

图 10-22 作业中的设备

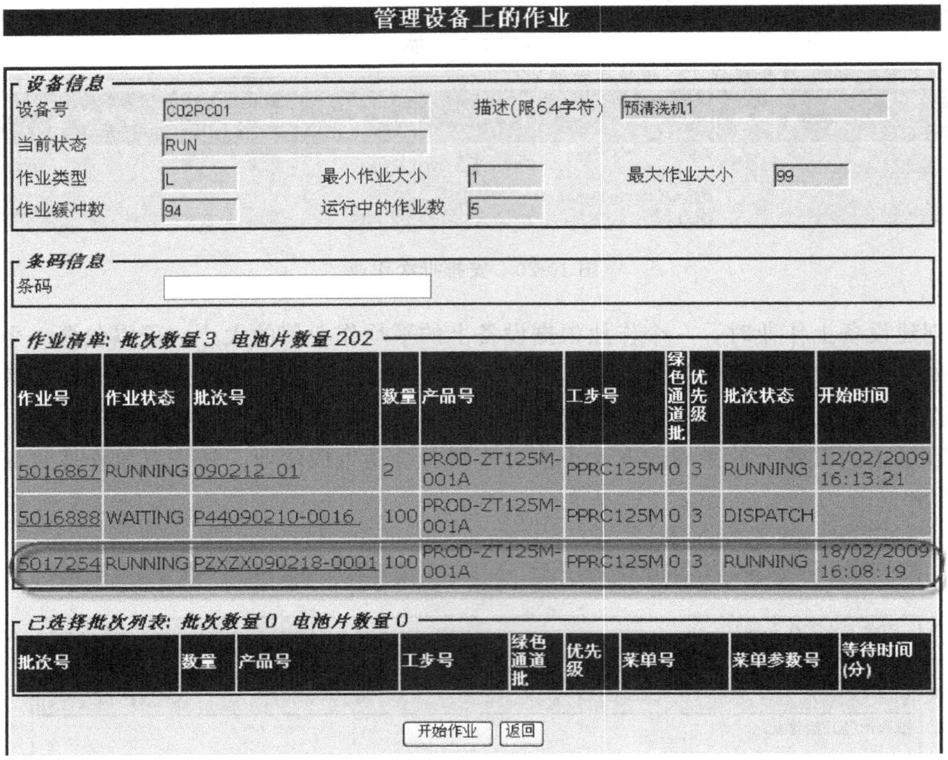

图 10-23 管理设备作业

在"结束作业"页面，如图 10-24 所示，进行一些生产线上可选的操作（比如填写备注、跳过 LBRD 等），然后点击"结束作业"按钮，进入填写 LBRD 信息的页面，如图 10-25 所示。

在填写 LBRD 信息页面下方，点击"确认"按钮，结束该批次在当前工步上的作业，进入流程中的下一工步，如图 10-26 所示。

结束作业

作业信息

作业号	5017254	作业状态	RUNNING
工步号	PPRC125M	设备号	C02PC01

批次列表

批次号	产品号	绿色通道批	优先级	菜单号	菜单参数号	开始作业数量	结束作业数量	处理时间(分)
✍ PZXZX090218-0001	PROD-ZT125M-001A	0	3			100	100	18

出站后暂停 ☐　　　　　　是否跳过LBRD ☐

备注

[结束作业] [重置] [返回]

图 10-24　"结束作业"页面

报废/回收/当站返工/缺陷批次

批次信息

批次号	PZXZX090218-0001		
产品号	PROD-ZT125M-001A	工艺流程号	ZT125M-A02
工序号	1ST-CLEAN-125M	工步号	PPRC125M
电池片数	100		

报废/回收/当站返工/缺陷信息

	原因代码	原因	责任人	电池片数
报废	来料隐裂			
	来料超薄			
	来料超重			
	来料穿孔			
	来料线痕			
	来料缺角			

图 10-25　LBRD信息页面

下一步信息

批次信息

批次号	产品号	工艺流程号	工艺流程描述
PZXZX090218-0001	PROD-ZT125M-001A	ZT125M-A02	125M工艺流程

已加工完,下工步信息

批次号	转到工步	工步描述	下传数量
PZXZX090218-0001	PTEX125M	制绒(125M)	100

批次已经结束作业

继续操作当前设备 **C02PC01 预清洗机1**
或者操作其它设备

图 10-26　批次结束作业后的下一步信息

第二节　7S 管理

1. 7S 的由来

5S 起源于日本，是指在生产现场对人员、机器、材料、方法、信息等生产要素进行有效管理。这是日本企业独特的管理办法，因为整理（Seiri）、整顿（Seiton）、清扫（Seiso）、清洁（Seiketsu）、素养（Shitsuke）是日语外来词，在罗马文拼写中，第一个字母都为 S，所以日本人称之为 5S。近年来，随着人们对这一活动认识的不断深入，有人又添加了安全（Safety）、速度（Speed）、节约（Save）等内容，分别称为 6S、7S、8S。它在日本企业中广泛推行，相当于我国企业开展的文明生产活动。"7S"活动的对象是现场的"环境"，它对生产现场环境全局进行综合考虑，并制定切实可行的计划与措施，从而达到规范化管理。"7S"活动的核心和精髓是素养，如果没有职工队伍素养的相应提高，"7S"活动就难以开展和坚持下去。

7S（整理、整顿、清扫、清洁、素养、安全、节约）管理方式，保证了公司优雅的生产和办公环境、良好的工作秩序和严明的工作纪律，同时也是提高工作效率，生产高质量、精密化产品，减少浪费、节约物料成本和时间成本的基本要求。现代光伏企业中，大部分企业都实行 7S 管理。

2.7S 的主要作用

① 7S 让客户留下深刻的印象。

② 7S 可以节约成本。

③ 7S 可以缩短交货期。

④ 7S 可以使工作场所的安全系数增大。

⑤ 7S 可以推进标准化的建立。

⑥ 7S 可以提高全体员工的士气。

3.7S 的含义和做法

7S 指的分别是整理、整顿、清扫、清洁、素养、安全和节约。

(1) 整理

将工作场所的任何物品区分为有必要与没有必要的，除了有必要的留下来以外，其他的都清除或放置在其他地方。它是 7S 的第一步。

目的：腾出空间增加作业面积；保证物流畅通，防止误用。

"整理"的做法示例，将物品分为几类（如）：

① 不再使用的；

② 使用频率很低的；

③ 使用频率较低的；

④ 经常使用的。

将第 1 类物品处理掉，第 2、3 类物品放置在储存处，第 4 类物品留置工作场所。

(2) 整顿

把留下来的必须要用的物品定点定位放置，并放置整齐，必要时加以标识。它是提高效率的基础。

目的：

① 工作场所一目了然；

② 消除找寻物品的时间；

③ 整整齐齐的工作环境。

"整顿"的做法/示例：

① 对可供放置的场所进行规划；

② 将物品在上述场所摆放整齐；

③ 必要时还应标识。

（3）清扫

将工作场所以及工作所用的设备、仪器等清扫干净，保持工作场所干净、亮丽。

目的：

① 使员工保持良好工作情绪；

② 保证稳定产品的品质，最终达到企业生产要求；

③ 零故障和零损耗。

"清扫"的做法/示例：

① 清扫从地面到墙板到天花板的所有物品；

② 机器工具彻底清理、润滑；

③ 杜绝污染源，如水管漏水、噪声处理；

④ 破损的物品修理。

（4）清洁

维持以上整理、整顿、清扫后的局面，使工作人员觉得整洁、卫生。

目的：使整理、整顿和清扫工作成为一种惯例和制度，是标准化的基础，也是一个企业形成企业文化的开始。

"清洁"的做法/示例：

① 检查表；

② 红牌子值日。

（5）素养

通过进行上述4S的活动，让每个员工都自觉遵守各项规章制度，养成良好的工作习惯，做到"以厂为家、以厂为荣"。

目的：

① 培养好习惯，遵守规则的员工；

② 营造良好的团队精神。

"素养"的做法/示例：

① 应遵守出勤、作息时间；

② 工作应保持良好的状态（如不可以随意谈天说笑、离开工作岗位、看小说、打瞌睡、吃零售等）；

③ 服装整齐，戴好识别卡；

④ 待人接物诚恳、有礼貌；

⑤ 爱护公物，用完归位；

⑥ 保持清洁；

⑦ 乐于助人。

（6）安全

通过安全检视，保证现场人员、设备、材料均不会有意外伤害。

目的：

① 降低生产风险，员工不受伤害；

② 降低产品品质风险，提升产品市场竞争力。

"安全"的做法/示例：

① 每日上班前认真对机器设备进行点检；

② 将各种电源电线用扎带扎好；

③ 保持机器设备/工作区域的干净、无油污；

④ 严格按照作业指导书要求进行工作。

（7）节约

就是对时间、空间、能源等方面合理利用，以发挥它们的最大效能，从而创造一个高效率的、物尽其用的工作场所。

目的：

① 降低生产成本；

② 提高生产效益。

"节约"的做法/示例：

① 能用的东西尽可能利用；

② 以自己就是主人的心态对待企业的资源；

③ 切勿随意丢弃，丢弃前要思考其剩余的使用价值。

第三节　制定电池片管理总表

根据电池片建立与取消操作流程，由学生负责制定电池片管理总表。管理总表的形式如表 10-1 所示。

表 10-1　电池片管理总表

部门		电池片事业部	审核编号	
仓管负责人			审核时间	
序号	管理项目	审核依据		备注
1	文件控制	文件和资料管理制度		
2	记录控制	仓库管理制度、文件和资料管理制度		
3	管理文件	公司体系文件、仓库管理制度		
4	质量目标	公司体系文件、考核文件		
5	职责和权限	仓库组织架构、岗位职责、作业指导书		

续表

序号	管理项目	审核依据	备注
6	环境要求	环境因素识别与评价程序、仓库安全管理规定	
7	技能要求	仓库岗位职责、作业指导书	
8	出库控制	物料领用流程、成品出货流程、货物出门控制程序	
9	入库控制	外购入库流程、成品入库流程、物料退库流程、退货处理流程	
10	储存控制	仓库安全管理制度、温湿度控制程序、产品防护标识和可追溯性程序、先进先出控制程序、物料摆放控制程序、6S管理	
11	检验控制	物料入库检验流程、成品出货检验流程	
12	化学品控制	化学品安全管理规定、化学品存储管理规定、易制毒化学品管理规定、化学品泄漏处理程序	
13	备品备件控制	备品备件控制程序、物料试样管理规定	
14	不合格品控制	不合格品控制程序、废弃物处理流程	
15	呆滞品控制	呆滞品控制程序、废弃物处理流程	
16	回收品控制	废弃物处理流程	
17	退货品控制	退货产品处理流程	
18	物流控制	物流运输管理制度、产品包装标识程序、物料搬运控制流程、危险品运输管理规定	
19	盘点控制	盘点管理制度、仓库自检控制程序	
20	持续改进控制	仓库自检控制程序、异常状况处理流程、流程改进、改善控制程序	

 小结

　　光伏企业中，电池片任务的建立与取消统一由电池片事业部负责管理，任务的建立与取消关系着企业的正常生产与运行，要学会从不同的角度建立任务与取消。7S管理能够保证光伏企业良好的经济效益，需要严格遵守。通过本章的学习，希望学生能够学会制定电池片管理总表。

思考题

1. 如何建立与取消100片156mm规格的电池片制绒工艺流程？有哪些途径？

2. 7S管理包括哪些内容？具有哪些作用？

3. 电池片管理总表包括哪些内容？

参考文献

[1] 杨德仁. 光伏电池材料. 北京：化学工业出版社，2006.

[2] 国家技术监督局. GB/T 6495.2—1996 光伏器件 第2部分：标准太阳电池的要求. 北京：中国标准出版社，1997.

[3] 黄建华. 太阳能光伏理化基础. 第2版. 北京：化学工业出版社，2018.

[4] 滕道祥. 硅太阳能电池光伏材料. 北京：化学工业出版社，2015.

[5] 马丁格林. 光伏电池工作原理、工艺和系统的应用. 北京：电子工业出版社，1987.

[6] 陈哲艮. 晶体硅太阳电池制造工艺原理. 北京：电子工业出版社，2017.

[7] Donald Steeby. 可替代能源：来源和系统. 北京：机械工业出版社，2017.

[8] 罗玉峰等. 材料加工设备概论. 南昌：江西高校出版社，2009.

[9] 梁骏吾等. 光伏电池：材料、制备工艺及检测. 北京：机械工业出版社，2011.

[10] 刘恩科等. 半导体物理学. 北京：电子工业出版社，2008.